HASSO HOHMANN

ZIEGELGITTER IM ALPEN-ADRIA-RAUM

—

GESCHICHTE UND VERBREITUNG FORM UND FUNKTION VON ZIEGELGITTERN

GRAZ
1987
HERAUSGEBER:
INTERNATIONALES STÄDTEFORUM GRAZ
SCHRIFTENREIHE DES ISG, BAND 2

GEDRUCKT MIT UNTERSTÜTZUNG DURCH DIE
STEIERMÄRKISCHE LANDESREGIERUNG UND DIE
KÄRNTNER LANDESREGIERUNG

Layout: Hasso Hohmann, Graz
Druck: Andritzer Druck- und Werbezentrum, Graz
ISBN: 3–900821–01–1
Umschlag: 8-Eckstadl in Vasoldsberg, Steiermark;
Front: 1974; Rückseite 1987 siehe auch
Abbildungen 253, 254.

Printed in Austria

INHALTSVERZEICHNIS

BILDTEIL

VORWORT

Neben der alten Landstraße zwischen Maribor und Ljubljana, im Ortsgebiet von Preloge in Slowenien, fiel mir Ende 1965 erstmals die Schönheit eines Ziegelgitters auf, und es wurde mir auch dort bereits seine Zweckmäßigkeit bewußt. Es handelte sich um ein neues, eben erst fertiggestelltes Ziegelgitter an der Außenwand eines landwirtschaftlichen Gebäudes. Seither interessiert mich in zunehmendem Maße dieses Architekturelement, das man in jener Gegend Deutschlands, in der ich aufgewachsen bin, nicht kennt.

Zunächst begann ich relativ unsystematisch, später gezielter, Ziegelgitter bzw. Bauwerke mit derartigen Gittern zu fotografieren. Naheliegenderweise konzentrierte sich dies zuerst auf Graz und seine Umgebung, wo ich seit 1965 lebe.

Wie so oft in der bäuerlichen Architektur, finden wir auch bei Ziegelgittern eine innige Verbindung von Funktion und Form, wobei die formale Gestaltung in vielen Fällen die regionale Volkskunst widerspiegelt. 1975 entstand aus dieser Beschäftigung die in Graz im Verlag für Sammler herausgegebene Publikation „Giebelluckn und Stadlgitter". Diese Arbeit bezog sich auf die Steiermark – sieht man von einem Beispiel aus Slowenien und einigen weiteren Beispielen aus Kärnten ab.

Die Ziegelgitter in Friaul, Venetien, in Slowenien und auch in Kärnten – von hier eigens besprochenen Besonderheiten abgesehen – ähneln in Form, Konstruktion und Bedeutung jenen in der Steiermark sehr, und so soll hier nicht das wiederholt werden, was bezüglich der technischen Eigenschaften von den verschiedenen Gitterformen – in statischer und haustechnischer Hinsicht, wie Belüftung, Regenschutz, Belichtung, Einbruchsicherheit und Klimaausgleich – schon

in der Arbeit von 1975 ausführlich besprochen worden ist (Hohmann 1975).
Hier, in dieser nun vorliegenden Arbeit, soll allgemein die Herkunft und Verbreitung von gemauerten Gittern und ihrer Motive betrachtet werden. Hauptsächlich aber werden Beispiele aus den genannten, geographischen zusammenhängenden Regionen der drei Staaten Italien, Jugoslawien und Österreich, ihre Besonderheiten und das ihnen Gemeinsame beschrieben und gezeigt.
Eine gegenüber der Arbeit von 1975 nur leicht modifizierte Typengliederung der bekannten Ziegelgitter dieser Regionen sei noch vorangestellt:

TYPENGLIEDERUNG

Art der Unterscheidung	Kennzeichen	Untergruppen	typische Beispiele
1 Statische Funktionen	1.1 tragende Gitter		Abb. 117
	1.2 nichttragende Gitter, das heißt, nur sich selbst tragende, in eine fertige Öffnung gestellte Gitter		Abb. 89
2 Konstruktionssystem	2.1 einschichtige Gitter (in einer Ebene)		Abb. 263
	2.2 zwei- und mehrschichtige Gitter	2.2.1 gleiche Gitter kombiniert	s. Hohm. 1975: Abb. 18
		2.2.2 ungleiche Gitter kombiniert	Abb. 274
	2.3 räumliche (dreidimensionale) Gitter		Abb. 203, 204
	2.4 Scheinziergitter	2.4.1 Reliefausführung	Abb. 214
		2.4.2 aufgemalt	Abb. 180
3 Ziegelelemente	3.1 Mauerziegel (massiv)		Abb. 202
	3.2 Dachziegel		Abb. 235
	3.3 sonstige Ziegelelemente (wie z.B. Drainagerohre, Hochlochziegel, etc.)		Abb. 90, 223
	3.4 Gitterformziegel		Abb. 106
4 Oberfläche	4.1 unverputzte Gitter		Abb. 254
	4.2 verputzte Gitter	4.2.1 unbemalte Gitter	Abb. 253
		4.2.2 bemalte Gitter	Abb. 268
	4.3 unverputzte und verputzte Gitterteile gemischt		
5 Motive	5.1 ornamentale Motive		Abb. 262
	5.2 symbolische Motive	5.2.1 christliche	Abb. 260, 122
		5.2.2 nichtchristliche	Abb. 132

Die Zahlen am Rande des nun folgenden Textes korrespondieren mit den Abbildungsnummern und mit der Karte (Abb. 22).

DEFINITIONEN

Gitter sind durchbrochene flächige Architekturelemente, die aus verschiedensten Materialien bestehen können, so beispielsweise aus Holz, Stein, Stuck, Metall, gebrannten und auch ungebrannten Ziegeln. Es kann zwischen Gittern, die aus einem Stück bestehen, durchbrochenen Platten also, und solchen, die aus Elementen zusammengesetzt sind, unterschieden werden.
Ziegelgitter sind Mauerwerkteile, welche übereinander bzw. nebeneinander kleine Öffnungen aufweisen, die durch die besondere Art der Anordnung der Ziegelelemente entstehen. Sie kommen vor in Wohnhäusern heißer Gegenden, als winddurchlässige Füllelemente für Maueröffnungen, als freistehende Brüstungen, oder als vorgeblendete Gitter von Außenmauern gegen die Aufheizung während des Tages, aber auch – besonders in gemäßigten Klimazonen – in Stallungen und vor allem bei Heubergeräumen.

DAS PHÄNOMEN

Allgemein könnte man sagen, daß unter vergleichbaren Voraussetzungen, bei ähnlichen klimatischen, geographischen, topographischen und funktionellen Anforderungen an die Architektur sich in der Regel auch ohne direkten Zusammenhang oder Ideentransfer ähnliche architektonische Lösungen ergeben. Ähnlichkeiten in der Architektur sind also nicht immer zwangsläufig auf kulturelle Zusammenhänge zurückzuführen. Diese Feststellung läßt sich auch anhand der Ziegelgitter in verschiedenen Kulturen belegen.
In Chanchan beispielsweise, in einer sehr aus- *23*

gedehnten und streng organisierten vorkolumbischen Stadtanlage an einer Flußoase, nahe der peruanischen Pazifikküste, findet man zahlreiche Ziegelgitter aus ungebrannten Lehmziegeln, meist in Rautenmuster versetzt. Sie dürften der Durchlüftung und der Belichtung gedient haben.

Lehmziegelgitter findet man auch in der befestigten und heute verlassenen Oasenstadt Bam in der iranischen Provinz Kerman. Auch hier wurden ungebrannte Lehmziegel in ähnlicher Form für dieselben Funktionen verwendet wie in Chanchan.

In Acancéh im mexikanischen Yucatán, einem klassischen Maya-Zentrum nahe Merida, sind Blendgitter aus Naturstein in Blindtüren integriert (von Winning 1985:5); diese zeigen eine gewisse Ähnlichkeit mit Blendgittern der Taubenhäuser auf der griechischen Kykladeninsel Tinos. Die Gitter von Acancéh stellen allerdings ein eher seltenes Einzelbeispiel innerhalb der Maya-Kulturen dar.

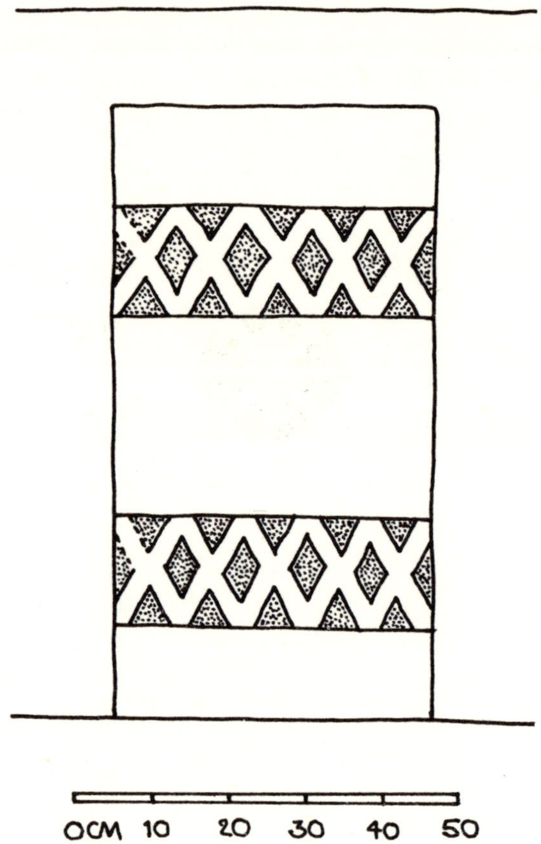

Abb. 1:
Blindtür mit Blendgitter aus Naturstein an der Nordseite des „Palastes der Stuckreliefs" in Acancéh, Yucatán – México.

FUNKTIONEN

Zu den die Erfindung und die Gestaltung von Gittern bestimmenden Faktoren gehören insbesondere bei Innenräumen die Durchlüftung, die Belichtung und der Schutz gegen Regen bei gleichzeitigem Einbruchschutz. Es gibt aber auch Gitter, die andere Funktionen zu erfüllen haben. Beispielsweise gibt es Brüstungen aus gitterförmig zusammengefügten Ziegeln, die keine dieser Aufgaben erfüllen müssen. Solche Gitter müssen stabil genug sein, um Personen einen wirksamen Schutz vor dem Abstürzen zu bieten und, bei vorkragenden Balkonen zum Beispiel, eine deutliche Gewichtseinsparung gegenüber einer massiven Mauerbrüstung zu erbringen.

Bei Bauwerken in heißen Klimazonen werden Gitter auch als Schattenspender vor einer Wand aufgeführt; hier ist das Gitter dann so angelegt, daß direkte Sonneneinstrahlung möglichst nie die Wand, sondern nur das vorgeblendete Gitter trifft. So heizt sich die eigentliche Außenwand tagsüber nicht so stark auf. Diese Funktion erfüllen beispielsweise die Gitter der Taubenhäuser auf den Kykladeninseln.

Neben den rein technischen Funktionen muß jedoch auch der Einbindung und Gestalt der Gitter erhebliche Bedeutung beigemessen werden. Durch die starken Hell-Dunkel-Kontraste und durch die zumeist sehr dominante Position im Gebäude sind die Gitterelemente in der Regel sehr gestaltwirksam und wurden daher oft sehr sorgfältig durchgeformt. Es finden sich Beispiele hoher Volksbaukunst unter ihnen.

Die Motivwahl für Ziegelgitter, insbesondere an den Heubergeräumen des Alpen-Adria-Raumes kann in vielen Fällen als sinnhaft mit der Aufgabe betraut angesehen werden, einen Schutz gegen unerwünschte magische Kräfte aufzubauen. Selbst wenn den Bauern gewöhnlich die Gefahren der Selbstentzündung bei Heulagerung und die Vorsichtsregeln bekannt sind, so bleibt doch macher Scheunenbrand ungeklärt. Denkt man an den Begriff „Feuerteufel", der sich sowohl auf den greifbaren Pyromanen, der doch oft unausgeforscht bleibt, beziehen kann, als auch auf eine dunkle Macht, den „Teufel", der selbst gerne mit Feuer in Verbindung gebracht wird und die mitunter existenzbedrohende Gefahr eines Scheunenbrandes, so wird eine solche Vorsichtsmaßnahme sicher verständlich.

Praktisch bei allen Völkern sind Öffnungen in der Außenhaut von Gebäuden Elemente, die eines besonderen Schutzes bedürfen. Selbst die sehr kleinen Schlüssellöcher wurden bei uns zum Teil mit „Schlüssellochwächtern" ausgestattet (Huber 1982:12), die wohl in erster Linie die ungeschützte Öffnung in der architektonischen Hülle vor bösen Mächten zu schützen hatten. Viktor von Geramb schreibt ebenfalls über verschiedene ungeschützte Öffnungen, zu denen auch das Schlüsselloch zählt, und die eine „Einbruchstelle für magische Mächte, Dämonen und Geister aller Art" darstellen können (Geramb 1935/36:1231).

Nicht immer stammen die Motive in den Gittern naheliegend aus dem Repertoire heimischer Bau- oder Volkskunst. Sie scheinen auch über große zeitliche und geographische Distanzen tradiert worden zu sein. Aus diesem Grund ist die Einbeziehung weitgefaßter zeitlicher und räumlicher Dimensionen, ein Rückblick in die Geschichte von Gitterelementen in verschiedenen Kulturen, sicher angebracht.

KONSTRUKTIONEN

Konstruktiv kann man prinzipiell zwischen Gittern, die aus einem Stück bestehen, und jenen, die aus mehreren Elementen zusammengesetzt sind, unterscheiden.
Gitter aus einem Stück können beispielsweise monolithisch sein, das heißt, aus einer Natursteinplatte oder aus einem Kunststein, einem zu einem homogenen, festen Material abgebundenen Stuckelement, aus Gußmetall, oder aus einer gebrannten, gitterförmigen Tonplatte bestehen. Sie haben regional verschiedene Namen und wurden in Italien beispielsweise „Transenna“ genannt (Franz 1958). Dieser Begriff hat offensichtlich einen Bedeutungswandel bis heute durchgemacht; er wird im modernen Italienisch für Absperrungsgitter, Schranken – meist aus Holz – insbesondere bei Straßenbaustellen für Absperrungen aller Art verwendet. Im deutschen Sprachgebrauch wird mitunter der Begriff „Transenna“ auch für Ziegelgitter verwendet, was im Sinne der ursprünglichen Verwendung wohl nicht möglich gewesen wäre.
Zusammengesetzte Gitter bestehen aus einzelnen Elementen, die meist durch Fugenmaterial miteinander verbunden sind. Es kann sich dabei um einfache Elemente handeln, wie beispielsweise Mauerziegel, aber auch eigens hierfür geformte Fertigteile.

GRUNDFORMEN VON MAUERÖFFNUNGEN MIT GITTERVERSCHLÜSSEN

Mit Gittern ausgefachte Maueröffnungen weisen vornehmlich drei Grundformen auf. Sie sind in der Regel entweder kreisrund, halbkreisförmig oder rechteckig.

Kreisförmige Gitter

Runde Öffnungen, auch solche mit Gitterteilung, sind fast zu allen Zeiten und überall in unserem
53 Kulturraum auf den Giebel von Gebäuden be-
–86 schränkt und auch heute sind sie fast ausschließlich dort zu finden. Sie dürften sich aus dem Rauchloch im Giebel einfacher, bäuerlicher Wohnhäuser entwickelt haben. Der Schutz einer solchen Öffnung gegen Schlagregen oder das Einfliegen von Vögeln dürfte schon früh zu gitterähnlichen Verschlußformen geführt haben. Auch heute weisen viele Bauernhäuser noch kleine Rosetten zur Belichtung und Durchlüftung des Dachraumes auf. Da die Kreisform eine geschlossene, nur schwer addierbare Form darstellt, sind sie meist solitär oder nach einem strengen Schema geordnet an den Giebeln von Bauwerken situiert. Sie nehmen so eindeutig eine Sonderstellung unter den Gitterformen ein.
Beispiele:
Als Beleg für die lange Tradition dieser Rundöffnungen seien einige Beispiele angeführt:
○ Eine etruskische Urne aus der Zeit des 8. Jahrhunderts vor Christus in Form eines Hausmodells (Camesasca 1971:19) aus Vetulonia zeigt bereits über dem Eingang unter dem First eine derartige Lüftungsöffnung.
○ Gute Beispiele sind auch Gebäudedarstellungen auf Keramikgefäßen des 4. Jahrhunderts

vor Christus (Graf 1979:34, Abb. 2, und 35, Abb. 4), bei denen im flachen Giebelfeld schlichte, runde Öffnungen zu sehen sind.
○ In der Architektur der römischen Kaiserzeit läßt sich eine Rundöffnung in einer Wandmalerei der Villa in Boscoreale (Neapel) in der Symmetrieachse eines dargestellten Hausgiebels (Camesasca 1971:407) deutlich erkennen.
○ Das Lararium im „Haus der Vettier" im Pompeji zeigt in seinem auf Säulen ruhenden Giebelfeld ebenfalls die Darstellung eines runden Lüftungsloches (Camesasca 1971:419 oben).
Wie diese Beispiele unter anderem zeigen, gehören Rundöffnungen schon seit langem zum architektonischen Repertoire des Mittelmeerraumes. So ist es sicher kein Zufall, wenn dieses Element auch Einzug in die Sakralarchitektur hielt, die ja in fast allen Kulturen ein übersteigertes Abbild der Profanarchitektur ist. Schon frühchristliche Basiliken, die direkt an die spätrömische Bautradition anknüpfen, weisen zum Teil im Giebelfeld ein rundes Fenster auf (zum Beispiel: S. Paul vor der Mauer in Rom – Baubeginn 386 nach Christus). Die Ausfachung oder der Verschluß dieser Rundfenster kann in vielen Fällen heute kaum rekonstruiert werden. Fest steht, daß im 12. Jahrhundert in Europa die monumentalen Maßwerkrosen zu einem die hohe Baukunst der Sakralarchitektur bestimmenden Element wurden. Als eines der hervorragendsten Beispiele für solche Rosetten, deren Felder mit Transennen ausgefacht sind, sei hier Troia in Apulien genannt (Baubeginn 1093; Rose 12. *47*
oder 13. Jahrhundert?; Franz 1956). Der Vorbildcharakter dieser Hochbaukunst umgekehrt für die profane Architektur wieder läßt sich an ungezählten Beispielen bis hin zu den Motiven der Fensterrosen für landwirtschaftliche und industrielle Bauten ablesen. Beispiele, die offensichtlich für diesen Vorgang sprechen, sind die Rosetten an den Industriebauten des letzten Jahrhunderts in Heft und in Lölling in Kärnten *250*
und mehrere in diesem Kontext entstandene *252*
Ziegelgitterrosetten an landwirtschaftlichen Gebäuden ebenfalls in Kärnten und in der Steiermark.

Für die Wechselbeziehungen in der Motivwahl zwischen Bauten aus verschiedenen Materialien einerseits und zwischen Bauten der bäuerlichen und der herrschaftlichen bzw. sakralen Architektur andererseits, seien die hölzernen Harpfen Sloweniens als Beispiele erwähnt. Motive aus *51*
dem Stein- bzw. Mauerwerksbau, wie beispielsweise die großen Maßwerkrosen, werden hier in Holz als gesägte Verzierung nachgebildet. Giebel, in deren Holzverschalung drei Rosetten sitzen, sind häufig an den erwähnten Heuharpfen zu finden. Von dort werden sie wieder umgekehrt in die im 19. Jahrhundert neu entstehenden Ziegelwerkscheunen als Ziegelrosetten übernommen. Die Nachbildung von ursprünglich steinernen Architekturelementen in Holz ist sonst vor allem auch an hölzernen Balkongeländern zu beobachten, wo Baluster durch in entsprechender Form gesägte Bretter ersetzt werden.

Halbkreisförmige und rechteckige Gitter

Halbkreisförmige Öffnungen bzw. Gitter treten meist in Kombination mit Rechtecköffnungen auf, wobei es sich dann gewöhnlich um das Feld unter dem Entlastungsbogen, über dem Sturz einer rechteckingen Öffnung handelt. Statt des Rundbogens wurden zur Entlastung des horizonalen oberen Abschlusses zum Teil auch dreieckige Abspreizungen verwendet. Beides war besonders dann notwendig, wenn ein weicher, brüchiger Stein den Sturz der daruntergelegten Öffnung bildete. Das hier entstehende „Giebelfeld" – das Tympanon – erfährt in der gesamten abendländischen Baukunst besondere Behandlung – zum Beispiel durch Reliefplatten, durch Mosaiken und eben auch durch Gitter. Bei Profanbauten bei Türen oder Toren wurden diese Felder meistens zusätzlich zu Belichtungszwekken genutzt. Kunstvolle Metallgitter wurden dann häufig als Einbruchschutz angebracht. In anderen Fällen wurden an deren Stelle als „Transenna" bezeichnete, aus einem homogenen Material gefertigte, durchbrochene Platten eingemauert.

Solche „Platten" wurden schon sehr früh aus Stuck, Marmor oder spaltbarem Naturstein hergestellt und fanden an Palastbauten Verwendung.

Selbstverständlich findet man auch halbkreisförmige Öffnungen isoliert von anderen Maueröffnungen, meist aber in Kombination mit darunterliegenden Rechtecköffnungen, und oft entfällt der horizontale Sturz über dem Rechteck, so daß Halbkreis und Rechteck miteinander zu einer oben halbkreisförmig geschlossenen Öffnung verschmelzen.

Beispiele:

Hervorragende Beispiele für Gitter in Oberlichtfeldern finden sich

○ an Lehmbauten der arabischen Halbinsel, und zwar sowohl Gitterverschlüsse aus Holz, Stuck oder auch aus Lehmziegeln (Wohlfahrt 1980:581). In der nordjemenitischen Hauptstadt Sanaa beispielswiese erreichen die Gitter in den Oberlichtfeldern über Türen und Fenstern maßwerkhafte Durchgestaltung. Leider sind derartige Architekturelemente relativ vergänglich, so daß sich diese über lange Zeiträume kaum erhalten haben bzw. rückverfolgen lassen. Außerdem lassen sich selbst die bestehenden nur schwer datieren, da es kaum Aufzeichnungen über Baudaten gibt.

○ Besonders interessant ist in diesem Zusammenhang auch heute noch die Architektur der Kykladeninsel Tinos. Hier sind sowohl bei der ländlichen , als auch bei der sakralen Architektur Maueröffnungen mit halbkreisförmigem Oberlicht häufig mittels einer durchbrochenen Steinplatte verschlossen. Dieses charakteristische und architekturprägende Element hat hier eine lange Tradition. Leider tragen die wenigsten dieser Platten ein Datum. Die ältesten datierbaren Gitterplatten stammen aus der Zeit der venezianischen Herrschaft (von ca. 1400 bis 1715). Interessant ist, daß auch viele dieser Gitter in die Blendgitterarchitektur der Taubenhäuser dieser Insel integriert sind und die Motive der Gitter-
43 platten oft denen der meist sehr schön gestalte-
40 ten Vorblendgitter der Taubenhäuser ähnlich
sind.

Ebenso wie die Vollrosetten gibt es auch in Holz gestaltete halbkreisförmige Rosetten, die heute noch immer an zahlreichen hölzernen Heuharpfen im süd-ost-alpinen Raum, vor allem in Slowenien, zu finden sind. Diese hatten aber meist selbst wieder in Stein gebaute Vorbilder, was man deutlich an der zu wenig materialgerechten Ausbildung erkennt.

So wie es halbkreisförmige Gitteröffnungen ohne darunter angeordnete Rechtecköffnung gibt, so gibt es auch rechteckige Öffnungen ohne Bogenabschluß. In solchen Fällen handelt es sich um tragende Gitter mit rechteckiger Feldform, oder solchen mit einem scheitrechten Bogen, um nach oben zum Dachstuhl offene Gitterflächen oder um mit einem horizontalen Sturz ausgestattete Gitterflächen. Aus dem dritten Jahrtausend v. Chr. ist uns aus Mesopotamien eine Terrakottaplatte mit neun runden Löchern erhalten geblieben, die der Funktion gedient haben dürfte, eine quadratische Fensteröffnung durch ein Gitter zu sichern (Camesasca

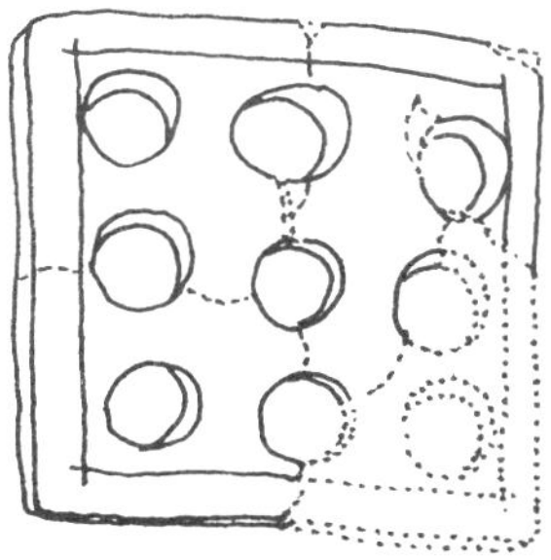

Abb. 2:
Terrakotta-Platte mit 9 runden Öffnungen als Verschluß für das Fenster eines Gebäudes in Mesopotamien; 3. Jahrtausend vor Christus.

Sie zeigt das Bemühen, schon damals rektanguläre Fensteröffnungen nach außen durch Gitter abzuschließen.
Die rechteckigen Gitter – ganz gleich, welchen oberen Abschluß sie haben, und gleichgültig auch, ob sie im statischen Gefüge des Objektes tragend oder nichttragend ausgebildet sind – stellen jedenfalls den Regelfall dar. Sollen sie nichttragend ausgeführt werden, so muß die Maueröffnung vorgefertigt werden, in die das Gitter hineingestellt wird. Tragend können nur solche Gitter sein, die mit der Mauer in einem Arbeitsvorgang mitgemauert und so integrierter Bestandteil derselben werden. Diese brauchen dann auch keinen das darüberliegende Mauerwerk tragenden Abschluß, wie zum Beispiel einen Sturz. Konstruktiv bedingte Rundbogenabschlüsse entfallen bei diesem Typ daher jedenfalls.

ZIEGELGITTER; ALTER UND GEOGRAPHISCHE VERBREITUNG

Seit wann es aus Ziegeln gemauerte Gitter gibt, ist kaum zu sagen. Es kann niemals ausgeschlossen werden, daß man nicht irgendwann noch ältere Gitter als die bisher bekannten finden oder nachweisen wird. Außerdem dürften frühe Gitter oft aus Lehmziegeln bestanden haben, was zwar bei archäologischen Funden in *23*
Chanchan (Peru, 15. Jahrhundert n. Chr.) eindeutig belegbar war, bisher aber in anderen Gebieten mit Lehmarchitektur auf Grund höheren Alters und stärkerer Zerstörung, wie beispielsweise in Mesopotamien, nicht nachweisbar war oder nicht entsprechend gedeutet wurde. Heutige Lehmbauten im Bereich um den Persischen Golf (Farassat 1981:60 + 36 u. Hohmann 1974) und auch in Ägypten haben vielfach Lehmziegelgitter-Zeilen unterhalb der Flachdecke. Wenn Gitter an Bauten der alten mesopotamischen Kulturen die gleiche Position hatten, so ist ein archäologischer Nachweis noch schwerer möglich als im allgemeinen bei Lehmarchitektur, weil beim Einsturz von derartigen Bauten die oberste Mauerzone immer am stärksten zerstört wird. So geben oft nur alte Reliefdarstellungen oder Architekturmodelle Auskunft.

China

In einem der ältesten Kulturräume der Menschheit, im alten China, entwickelte sich schon sehr früh eine Baukultur, die sich des Ziegels – in ungebranntem und gebranntem Zustand – bediente. Ein archäologischer Nachweis für die Existenz von Gitterformen in früheren Zeiten in China ist nicht bekannt. Die sehr große Vielfalt an

24 heutigen Gitterformen und auch der sehr unterschiedliche funktionelle Einsatz dieser Architekturelemente läßt aber wohl darauf schließen, daß sie schon auf eine lange Tradition zurückblicken. So werden Ziegelgitter heute sowohl in Scheunen und anderen landwirtschaftlichen Gebäuden, als auch zur Durchlüftung von Dachräumen bei Wohnhäusern und bei isoliert stehenden To-
26 iletten, weiters bei gemauerten Einfriedungen,
25 Balkonen, Treppengeländern und auch als dekoratives Element über Torabschlüssen und auf Dachfristen in Form von kammartigen Aufbauten verwendet.

Es kommen dabei normale gebrannte, aber auch ungebrannte Mauerziegel zum Einsatz, daneben Dachziegel und spezielle Formziegel (persönliche Mitteilungen von A. Drexler).

Vietnam

Auch aus Vietnam ist die Verwendung von Ziegelgittern bekannt. In der Zitadelle von Hue beispielsweise sind sehr schöne Ziegelgitter – Rosetten eingebaut.

Mittlerer und Naher Osten sowie Arabien

Es ist anzunehmen, daß im gesamten Raum Me-
27 sopotamiens, des persischen Hochlandes, der arabischen Halbinsel und Nordafrikas die heute dort in vielen Varianten anzutreffenden Ziegelgitter eine weit zurückreichende Tradition haben, da überall bereits sehr früh mit Lehmziegeln gebaut wurde und allein durch den spielerischen Umgang mit Ziegeln oft genug Gitterformen entstehen, die auf Grund ihrer Brauchbarkeit bald zu dem entsprechenden architektonischen Element geführt haben müßten. Die gesamte anonyme Baukunst des umrissenen Raumes weist große Einheitlichkeit und eine über Jahrtausende nachzuweisende Kontinuität auf. Die heute in vielen Gebieten mit Lehmarchitektur zu beobachtende Technik, große Lehmwandelemente am Ort zwischen wiederverwendbaren Holztafeln durch Einbringen von feuchtem, gestampftem Lehm herzustellen, steht einer differenzierten Bauform mit kleinteiliger Ornamentik entgegen. Und man trifft auf diese Art von Lehmbauweise heute fast überall – in Marokko wie in der Türkei oder im Iran. In Marokko sollen die Franzosen um 1500 diese Technik aus dem Rhonetal als technische Neuheit in der Lehmarchtitekur eingeführt haben. Wie alt diese Technik tatsächlich ist, steht nicht fest.

Die Tonnengewölbe des Ramasseums in Ägypten (ca. 1200 v.Chr.) weisen beispielsweise dasselbe konstruktive Prinzip auf, wie es heute noch bei denüberwölbten Lehmbauten im Hochland des Iran verwendet wird.

Als sehr starkes Indiz dafür, daß auch die Verwendung von Ziegelgittern auf eine ähnlich lange Tradition zurückgeht, können die urartäischen Bronze-Modelle von Bauwerken aus der ersten Hälfte des ersten Jahrtausends vor Christus gelten. Sie wurden in der Nähe der osttürkischen Stadt Van in den Ruinen von Toprakkale gefunden. Das in einer Umzeichnung abgebildete Modell stellt ein Bauwerk dar, bei dem über einem turmähnlichen Unterbau eine Terrasse in alle Richtungen vorkragt. Die Terrasse ist von einer Brüstung umgeben, die gemauerte, massive und etwas überhöhte Eckrisalite aufweist, die durch Gitter mit rautenförmigen Öffnungen verbunden sind. Interessant ist in diesem Zusammenhang, daß ein von Hans Helfritz in Hureda, Südarabien (Helfritz 1936:64f., Abb. unten) aufgenommenes Minarett erstaunliche Ähnlichkeit mit der vor 2500 Jahren im Modell dargestellten Architektur aufweist. Ein vorislamischer Bautypus scheint hier übernommen worden zu sein,

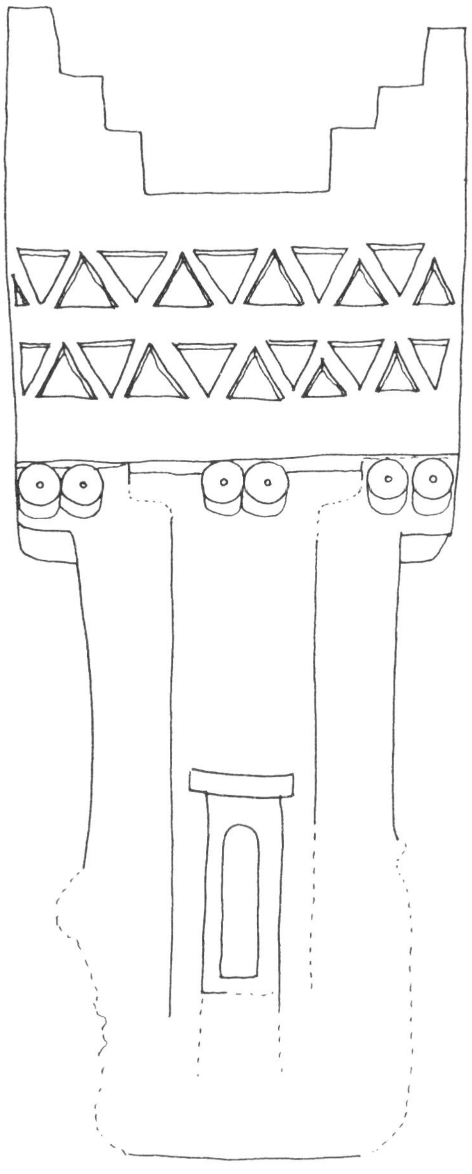

Abb. 3:
Altes Minarett in Hureda, Südarabien. Hier handelt es sich um Lehmarchitektur mit Lehmziegelgittern. Die Ähnlichkeit zu dem Modell aus Tuschpa, Osttürkei, ist erstaunlich.

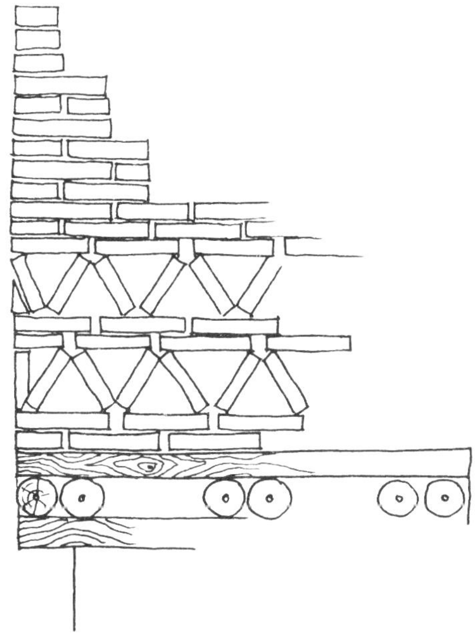

Abb. 4:
Rekonstruktion der Konstruktion eines Bauwerkes nach einem antiken Bronzemodell aus Van, Osttürkei. Es haben sich mehrere derartige Modelle dort erhalten.
Manche stellen mehrgeschoßige Bauten dar, welche die gleiche Art von Gitterbrüstung im Bereich der Dachterrasse zeigen; das Vorkragen dürfte vor allem einen statischen Grund gehabt haben (Vorspanneffekt bei den Deckenbalken).

der sich aus der urartäischen Festungsbauweise entwickelt haben könnte und sowohl einzelstehende Turmbauten, als auch große dreigeschoßige Wohnbauten (Lloyd et al. 1975:53, Abb. 95) in ihrer Form bestimmte. All diesen Beispielen gemeinsam ist, daß die Brüstungen zwischen den überhöhten Eck- und Zwischenstützgliedern aus Gittern bestehen, die im Falle des Minaretts in Hureda aus Lehmziegeln gemauert sind, was wohl auch für die urartäischen Bauten

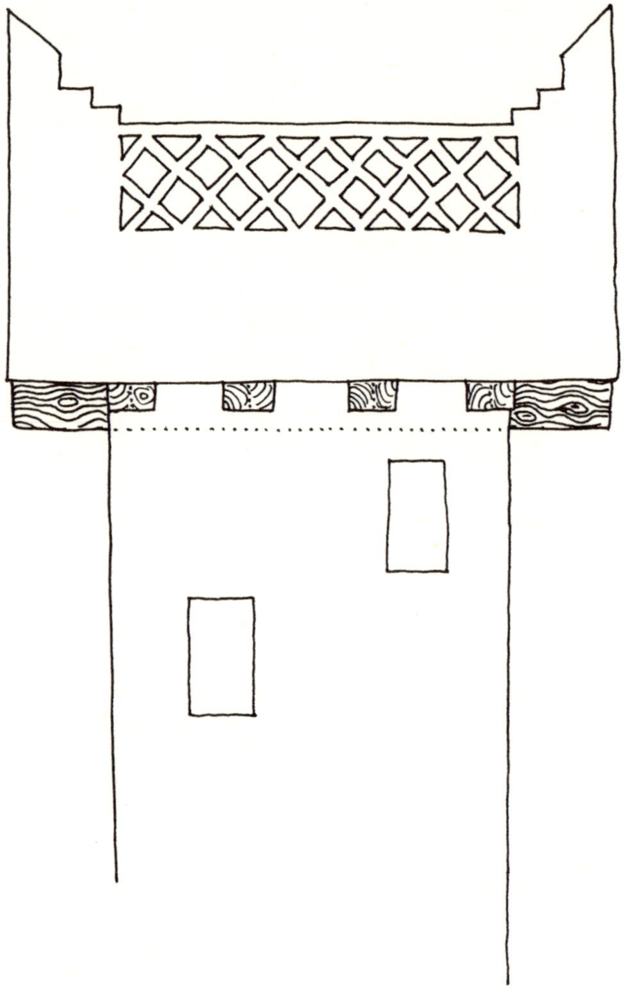

Abb. 5:
Urartäisches Kleinbronze-Modell aus Tuschpa (Toprakkale), etwas nordwestlich von Van (ca. 900–600 v. Chr.). Es stellt ein Gebäude – wahrscheinlich einen Turm – dar, bei dem die Brüstung entlang des Flachdachrandes großteils aus einem Gitter aus gebrannten oder ungebrannten Ziegeln besteht.

anzunehmen ist. Gitter mit rautenförmigen Öffnungen sind in der heutigen südarabischen Architektur ein häufig verwendetes Element, was gut an den Bauten des Wadi Hadramaut im Südjemen zu beobachten ist. Es wird aber auch allgemein für Einfriedungen, Brüstungen und als Lüftungs- und Vorblendgitter an vielen Bauten noch bis heute verwendet (Wohlfahrt 1980:120). Darüber hinaus gibt es aber im Südjemen auch viele Beispiele für die Verwendung von Gittern mit kreuzförmigen Öffnungen (Wohlfahrt 1980:581).

Im Iran findet sich dieser Gittertyp genauso verwendet (Neuwirth 1974, Abb.25) ebenso wie auch jener mit rautenförmigen Öffnungen (Farassat 1981:36 u. 60). Als Beispiel sei hier Nehbandan genannt. Ganz einfache Gitter mit klei-
28 nen Rechtecköffnungen findet man in ganz Persien (Hohmann 1974 :20, Abb. 7, 21, 22).

Wo tatsächlich der Ausgangspunkt der Lehmzeigelbauweise zu suchen ist, ob im Zweistromland oder in Südarabien oder vielleicht in Ägypten, kann gegenwärtig nicht gesagt werden. Jedenfalls dürften dort dann auch die ersten Ziegelgitter entwickelt worden sein.

Warum in den heißen Gebieten der arabischen Halbinsel, des Iran, in Ägypten und auch in den Wüstengebieten um Chanchan in Peru der relativ anfällige, ungebrannte Lehmzeigel verwendet wurde, liegt daran, daß brennbare Materialien wie Holz, Stroh oder getrockneter Mist, zu wertvoll waren, um für das Brennen von Ziegeln verwendet zu werden. In vorindustrieller Zeit war andererseits der Transport großer Mengen von Brennmaterial über große Distanzen undenkbar. Und selbst in unserer Zeit wird in der dritten Welt in Gebieten ohne ausreichendes Brennmaterial viel mit ungebranntem Lehm – einem Material, das nichts kostet – gebaut. Auf Grund der geringen Niederschlagsmengen ist

der Lehmziegel außerdem in diesen Wüsten- oder Steppengebieten am widerstandsfähigsten. Auch in Südarabien werden Ziegelgitter verwendet, hier jedoch nicht ausschließlich aus Mauerziegeln. Vielfach werden Mönch-Nonne-Dachziegel, die auch als Rinnensteine Verwendung finden, zu Gittern geschichtet, wie ein Beispiel von Helfritz aus dem Südjemen zeigt (Helfritz 1939:40e, Abb. oben).
Solchen Mönch-Nonne-Ziegelgittern ähnliche Transennen aus Stuck gab es bereits in vorislamischer Zeit in Syrien am Abgal-Tempel in Salkhad (Franz 1958:68), oder in Bronze dargestellt, in einem Fenster der Krypta von S. Apollinare in Classe (549 nach Christus) bei Ravenna (Lasteyrie 1929: 87, Fig. 68). Dies ist ein Indiz dafür, daß auch Ziegelgitter aus anderen Formelementen als dem gewöhnlichen Mauerziegel damals bereits gebräuchlich waren.
Ob es sich beim Beispiel in Ravenna um die Übernahme eines Motives aus Syrien oder umgekehrt, oder ob es sich um eine Eigenentwicklung handelt, die zur Umsetzung in ein Bronzegitter führte, kann ohne weiterführende Untersuchung nicht gesagt werden. Da gerade Mönch-Nonne-Deckungen in Norditalien sehr verbreitet sind und waren, ist auch eine eigenständige Entwicklung denkbar.

Ägypten

In Ägypten findet man heute eine reiche Palette von Ziegelgittern. Auch hier ist anzunehmen, daß diese schon auf eine lange Tradition zurückblicken. Eine Architekturdarstellung aus der Zeit des Mittleren Reiches (ca. 2000 vor Christus; Rudofsky 1977:209, unten) zeigt Fenster mit gitterförmigen Verschlüssen. Ob es sich hierbei um hölzerne oder aus Ziegeln hergestellte Gitter handelt, kann nur schwer entschieden werden. Jedenfalls zeigt das Beispiel, daß man auch hier sehr früh nach gitterförmigen Abschlüssen suchte, und – da die Verwendung von Lehmziegeln aus dieser Zeit nachgewiesen ist – sehr wahrscheinlich auch Ziegelgitter verwendete.

Äthiopien

Recht interessante Gitter werden in den hohen Steinstellen Äthiopiens in Debre Damo sichtbar; diese Steinstelen stellen eine Art überhöhtes Architekturmodell dar. Die Vorbilder sind aksumitische Palastbauten im Stil der sogenannten „Affenkopfarchitektur" aus der Zeit vom 2. bis 6. Jahrhundert nach Christus (Scholz 1984:14, Abb. 19, und 26, Abb. 44). Hier sind Gitter aus gleichformatigen Mauerelementen, wahrscheinlich Ziegeln, in einer Anordnung dargestellt, die sehr an Ziegelgitter erinnern, wie sie im 19. und 20. Jahrhundert auch in Österreich vorkommen.
Die sich in diesen Abbildern von Palastarchitektur widerspiegelnde Profanarchitektur dürfte hier ebenfalls schon sehr früh Ziegelgitter hervorgebracht haben. Der Kontakt zu Ägypten und zum nahegelegenen Südarabien legt dies ebenfalls nahe.

Marokko

In Marokko trifft man heute auf eine kombinierte
Bauweise, bei der die unteren Zonen der Ge-
bäude aus großflächigen Stampflehmmauern
bestehen und die oberen Bereiche mit Adobe-
Elementen gemauert werden. Das führt dazu,
daß nur die oberen Gebäudezonen architektoni-
schen Dekor tragen. Dieser Dekor geht fast aus-
nahmslos vom verwendeten Ziegel aus. Es wer- 31
den die Fugen zwischen den Ziegeln nur teil-
weise glatt verschlossen, andere hingegen wer-

den als vertiefte Rille belassen und zu grafisch sehr reizvollen Bändern zusammengeschlossen. So entstehen vielfältige, an Strickmuster erinnernde Rillenreliefs auf den Wänden.
An den der Sonne besonders ausgesetzten Ar-
30 chitekturteilen werden auch vorgeblendete Git-
34 ter aus Lehmziegeln verwendet, die wohl als
Schattenspender fungieren und so eine starke Aufheizung des Mauerwerkes verhindern.
Diese Vorblendgitter sind zugleich sehr kräftige
Gestaltungselemente und werden als solche
29 auch bei Torbauten, Hauseingängen etc. ver-
wendet.
Daneben finden sich aber immer wieder echte
33 durchbrochene Lehmziegelgitter, die offen-
32 sichtlich der Durchlüftung der Innenräume die-
nen.

Mali

In der bodenständigen Architektur Malis gibt es schon seit langem Ziegelgitter. Auch hier sind sie vor allem im anonymen Lehmbau zu finden. Meist einfache kleine rechteckige oder rautenförmige Öffnungen. Ein beeindruckendes Beispiel dieser Volksbaukunst ist die Front eines „Junggesellenhauses" in einem Dorf bei Mopti (Dethier 1982:36, Abb. 20).

Zimbabwe

Viel weiter im Süden Afrikas stehen die Ruinen von Zimbabwe (Garlake 1982:27 und 31).
In den Natursteinmauern dieser erstaunlichen Anlagen aus der Zeit um 1350 nach Christus finden sich mehrere Gittertypen. Die Gitter sind in Naturstein als Blendgitter ausgebildet.
Im Falle Zimbabwes dürften sich mit den Gittern keine praktischen Funktionen verbinden. Sie scheinen rein dekorativer Natur zu sein.

Griechenland

Auch im nördlichen Mittelmeerraum, in Griechenland, finden sich schon früh Spuren von Gittern in der Architektur. Ein Terrakotta-Tempelmodell aus Perachora – heute im Nationalmuseum in Athen (Homann-Wedeking 1979:76) – zeigt schon 700 vor Christus an den Seiten eine Zeile stehender Dreiecköffnungen, wie sie häufig in den heißen Gebieten Arabiens sowie des Nahen und Mittleren Ostens bei einfachen Lehmbauten für die Querdurchlüftung knapp unter der Decke noch heute angeordnet werden.
Wie weit derartige Dreiecköffnungen tatsächlich im frühen Griechenland bei Tempeln oder auch bei Profanbauten zur Durchlüftung verwendet wurden, ist nicht bekannt.
Die Katharinen-Kirche in Thessaloniki (14. Jahrhundert) trägt in mehreren Fensterfeldern Gitterverschlüsse mit einem Muster, wie es sich aus Ziegelelementen der „Mönch-Nonne-Deckung" ergibt, wenn man diese als Kappen in Scharen übereinander versetzt anordnet (Mango 1975:280, Abb. 304). Auch hier stellt sich die Frage, ob derartige Gitter das Ergebnis einer eigenständigen Entwicklung sind oder ob sie als Motiv übernommen wurden.

Rußland

In Rußland findet man Ziegelgitter auch öfter an Kirchbauten, wie beispielsweise in Nowgorod an der „Theodor-Stratilat-Kirche" (1360/61), der „Christi-Verklärung-Kirche" (1374) und an der „Peter-und Paul-Kirche" (1406), sowie an der Glockenwand des Kremls in Nowgorod (Nickel 1981, Abb. 142–146).

Italien

Eine Aschenurne in Form eines Hausmodells aus Chiusi (4. Jahrhundert vor Christus), heute im archäologischen Museum in Florenz, zeigt an der Seite ein Rautengitter, das eventuell aus dünnen Ziegeln bestanden haben könnte (Mansuelli 1979:105). Das Beispiel ist ein starkes Indiz dafür, daß man in der Architektur der Etrusker, welche die Ziegelbauweise im wesentlichen für Europa schon vor den Römern entwikkelten, recht früh Gitterformen findet, die sehr wahrscheinlich auch in Ziegel ausgeführt wurden.

Österreich

Einer der frühesten Nachweise von Gittern in der Architektur für Österreich ist eine Darstellung des Schlosses Untermairhofen bei Hartberg in der Steiermark (ca. 1680). Sie zeigt an zwei Giebelfronten Ziegelgitter, bestehend aus mehreren Scharen versetzt zueinander angeordneter kleiner Rechtecköffnungen, wie sie heute noch bei Scheunen mit Lüftungsgittern oder mit Taubenschlägen zu finden sind (Vischer 1681: Abb. 259). Es kann sich beim Dargestellten sowohl um Lüftungsgitter als auch um Taubenschläge gehandelt habe. Noch heute gibt es solche in der Steiermark und in Slowenien.
Außerhalb des südöstlichen Voralpenbereiches findet man diesen Gittertypus unter anderem heute verbreitet in Siebenbürgen in Rumänien. 37
Jüngere Ziegelgitter dieser Art in Österreich und auch in Nordjugoslawien und Nordostitalien werden weiter hinten ausführlicher besprochen.
Neben diesem einfachen Gittertyp aus einzelnen kleinen Öffnungen im Mauerwerk trifft man auf Kreuzgittertypen (Hohmann 1975: Abb. 1 bis 3) und Rautengitter relativ häufig. Alle diese Gitter kommen, da sie sich aus dem Umgang mit dem Mauerziegel als einfache Muster ohne Aufwand und besondere Schwierigkeiten ergeben und haustechnisch unproblematisch sind, fast überall vor, wo Gitter aus Ziegeln gemauert werden.

Abb. 6:
Darstellung des Schloßes Untermairhofen bei Hartberg in der Steiermark aus dem Jahre 1681 (Vischer, 1681:Abb. 259). Dieser Kupferstich zeigt ganz einfache Gitter, wahrscheinlich Ziegelgitter, die entweder der Längsdurchlüftung der Dachräume der zwei Objekte des Schloßes dienten oder die Einfluglöcher von Taubenschlägen darstellen; Taubenschläge dieser Art gibt es heute noch in der Ost- und Weststeiermark und in Ostslowenien (Abb. 126).

Süddeutschland

Aus dem Jahr 1772 stammt ein Fachwerkbau, dessen Felder mit Rautengittern ausgefacht

36 sind. Es handelt sich um den alten „Weintorkel" in Bodman am Bodensee, der zum Schloß Bodman gehört. In den benachbarten Gemeinden gibt es zwar auch weitere Beispiele von Ziegelgittern, beim Torkel in Bodman handelt es sich aber wahrscheinlich um eines der ältesten, noch erhaltenen Gebäude dieser Art im Bereich des Bodensees.

Vielleicht spielt hier auch mit, daß Bodman in der Nähe einer wichtigen Römerstraße und einer ländlichen, römischen Villa gelegen ist. Es wurde bereits Anfang des 6. Jahrhunderts (spätestens) als ein fester Platz (civitas) bezeichnet (Berner 1982:6). Vielleicht entstand der Bau aus einer längeren Tradition, in der die Kombination von Fachwerkbau und Ziegelornament gepflegt wurde. Das Bauwerk ist jedoch nicht viel älter, als die frühesten datierten Ziegelgitter im steirischen Raum. Ein landwirtschaftliches Objekt mit drei Gitterrosetten in Brunn bei Laßnitzhöhe, Steiermark, enthält beispielsweise die Jahreszahl 1809 und ist damit nur siebenunddreißig Jahre jünger als der Weintorkel am Bodensee.

Abb. 7:
Am straßenseitigen Giebel des Wirtschaftsgebäudes aus dem Jahre 1809 sind unter anderem drei Rosetten mit jeweils einem Gesicht im Zentrum eingemauert. Es könnte sich hier auch um eine Darstellung der Sonne in drei Tagespositionen handeln.

ANDERE GITTER UND VERWANDTE ARCHITEKTURELEMENTE

Taubenhäuser

Taubenhäuser haben eine lange Tradition. Immer wieder zeigen sich starke formale Bezüge zu Ziegelgittern. Zwischen den Ziegelgittern unseres Gebietes und den Vorblendgittern der Taubenhäuser auf Tinos in Griechenland beispielsweise besteht auf den ersten Blick große Ähnlichkeit, obwohl es zwischen ihnen wohl kaum eine direkte Beziehung gibt, außer der, daß sich beide Architekturdetails in einem gemeinsamen Kulturraum entwickelt haben und daher die Motive verwandt sind. Gerade auf der Insel Tinos sind die Voraussetzungen durch die Überlagerung der griechisch-orthodoxen Kirche mit der römisch-katholischen ein guter Hinter-
grund für eine gemeinsame Formensprache in 38
den Motiven der Taubenhausgitter. Es sind unter 40
anderem griechisches und lateinisches Kreuz, 41
Glocken, Kerzen, Monstranzen, aber auch das 42
Andreaskreuz und Motive wie das Sonnenrad, 43
Windrosen und der Dreispitz, die in die Gestaltung der Gitter Eingang fanden. Im großen und ganzen sind dies Motive, die sehr häufig auch in den Ziegelgittern des süd-ost-alpinen Raumes vorkommen.

Die Funktion der Gitter der Taubenhäuser von Tinos ist aber eine ganz andere, als bei den Ziegellüftungsgittern der Heubergeräume im Alpen-Adria-Raum. Sie dienen nicht der Durchlüftung, sondern der Beschattung. Sie sollen verhindern, daß sich die der Sonne zugewandten Außenwände der Taubenhäuser am Tag zu sehr aufheizen, da hinter ihnen auf der Innenseite die Nistnischen der Tauben angeordnet sind. Es sind daher keine echten Gitter, sondern Vorblendgitter, die eine Beschattung der Mauer bewirken. Die an der Oberfläche der Gitterelemente durch die Sonneneinstrahlung entstehende Wärme wird nun nicht an das Mauerwerk, sondern direkt an die Luft abgegeben.

Ein weiterer Unterschied zu unseren Ziegelgittern besteht darin, daß die Vorblendgitter der Taubenhäuser meist aus gespaltenem Naturstein bestehen, der allerdings im Format eine gewisse Ähnlichkeit mit den Ziegeln unserer Region aufweist, wodurch die Ähnlichkeit zwischen den zwei Gittertypen bei oberflächlicher Betrachtung noch verstärkt wird.

Wie schon erwähnt, können Taubenhäuser schon sehr früh nachgewiesen werden. Ein Architekturmodell eines phönizischen Hauses aus gebranntem Ton aus Idalion (Zypern) aus dem 8. bis 7. Jahrhundert vor Christus stellt beispielsweise wahrscheinlich ein Taubenhaus dar. Es hat rundum in vielen Reihen runde, kleine Öffnungen (Harden 1962:304, Abb. 23). Auch auf dem großen Mosaik des Heiligtums der Fortuna
Praeneste in Palestrina, südlich von Rom, aus 37
dem 1. Jahrhundert vor Christus, ist ein kleines, kegelförmiges Taubenhaus dargestellt, bei dem ebenfalls runde Öffnungen in mehreren Reihen zueinander versetzt angeordnet sind.

Konstruktiv und formal haben diese Beispiele große Ähnlichkeit mit Lüftungsgittern; erinnert sei an das Beispiel der Terrakottaplatte aus Mesopotamien.

Daß Taubenhäuser aber auch nur der Lüftungsfunktion dienende Öffnungen hatten, zeigt der
Taubenturm von Varengeville in Frankreich von 39
1545 nach Christus, bei dem es ein Ziegelgitterband, bestehend aus drei Reihen gegeneinander versetzt angeordneter kleiner quadratischer Öffnungen in etwa drei Viertel der Gesamthöhe

der Außenmauer gibt, das offenbar nur der Durchlüftung des Gebäudeinneren dient, da die Einflugöffnungen in den Dachaufbauten untergebracht sind. Dieser Bau wurde wahrscheinlich unter einem italienischen, möglicherweise unter einem venezianischen Baumeister errichtet (persönliche Mitteilung von A. Kammermeier).

Transenna, Clathrus, Feggites

Der Begriff „Transenna“ kommt aus dem Lateinischen und ist vielleicht etruskischer Herkunft; er bezeichnet ein Gitter aus Stein oder Marmor, mitunter auch aus Stuck-Material, das in frühchristlicher Zeit und auch später in Kirchen ver-
46 wendet wurde, um Fenster oder Galerien zu
schließen, oder um das für den Klerus bestimmte Presbyterium abzugrenzen (Corboz 1971:110 und 111). Mitunter wurden die offenen Felder der Transennen auch verglast, insbesondere, wenn jene nur schlichte runde Löcher aufweisen. Transennen haben in anderen Gebieten des Mittelmeerraumes, in denen sie schon der klimatisch günstigeren Bedingungen wegen vorwiegend zu finden sind, auch andere Bezeichnungen, wie beispielsweise „Clathrus“ (Mehrzahl „Clathri“), ein aus dem Griechischen abgeleiteter, dem Lateinischen entlehnter Ausdruck mit der Bedeutung: Gitter, Gittertür, beispielsweise in Spanien oder „ φεγγιτες “ (= Feggites) auf der griechischen Kykladeninsel Tinos.
Alle diese Gitter werden im Wesen dadurch be-
43 stimmt, daß sie aus einer durchbrochenen Platte
45 – aus einem Stück Stein beispielsweise – beste-
46 hen, das oft auch noch flach reliefiert ist. Dies
steht im Gegensatz zu den Gittern, die aus einzelnen Elementen zusammengesetzt sind, und bei denen so auch gewisse konstruktive Regeln spürbar werden, welche die Proportion solcher Gitter sehr stark bestimmen. Der weitaus größte Teil der Transennen hat rhythmisch angeordnete, runde Durchbrechungen, die teilweise eine Nut aufweisen, in die Gläser eingesetzt werden konnten.

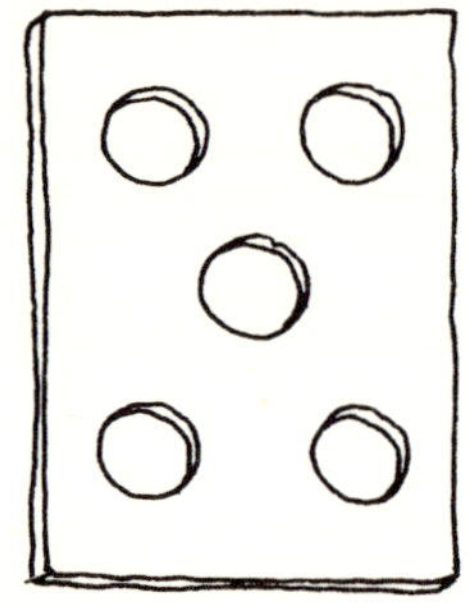

Abb. 8:
Naturstein-Platte mit 5 runden Öffnungen als Fensterverschluß in einer Kapelle westlich der Ortschaft Kionia bei Panagia auf Tinos, Griechenland.

Diese runden Öffnungen kommen sowohl der Stabilität der Platte als auch der seinerzeit noch wenig entwickelten Technik in der Herstellung von Glasscheiben entgegen. Wie das Beispiel aus Mesopotamien zeigt, gehören die runden Durchbrechungen wohl überhaupt zu den frühesten Transennentypen. Noch heute findet man
8 an vielen Kapellen der Kykladeninseln, aber
auch anderswo, verglaste und nichtverglaste Fensterverschlüsse dieser Art.

Römische Blendarchitektur

Die Römer haben sich nach den Etruskern wohl unbestritten am intensivsten mit der Ziegelbauweise befaßt. So ist es naheliegend, auch hier

nach Motiven für Ziegelgitter zu suchen. Tatsächlich finden sich an zahlreichen römischen Bauten Ornamente, die den Motiven der Ziegelgitter sehr verwandt sind. Es handelt sich dabei allerdings um Blendmauerwerk, das nach dem Prinzip der Steinintarsien aus verschiedenfarbigen Materialien – Naturstein und unter anderem auch Ziegeln – zusammengesetzt, eine ebene Oberfläche bildet. Als Beispiel sei hier der Kölner „Römerturm" (ca. 50 nach Christus; Süßen- *48*
bach 1981:87, Abb. 55) angeführt. Viele der dort *49*
verwendeten Muster sind sehr ähnlich den Ziegelgitterrosetten und Halbrosetten, wie sie im 19. und 20. Jahrhundert an landwirtschaftlichen Gebäuden des süd-ost-alpinen Raumes vorkommen.
Wie kontinuierlich Technik und Motive in ganz Europa weitergegeben wurden, wird beispielsweise an der Kirche St. Stefano an der Via Santo Stefano in Bologna (9. Jahrhundert; Bandmann 1949:153) oder an dem massigen Taubenturm in Varengeville, Frankreich (erbaut 1545; Kammermeier 1978:85), deutlich.

Abb. 9:
An der Kirche S. Stefano in Bologna findet sich Blendmauerwerk, das mit seinen Rosetten und dem „opus reticulatum" stark an den Römerturm in Köln erinnert; 9. Jahrhundert n. Christus.

Auch für die Rosetten standen schon bei der Entwicklung der monumentalen Kirchenfensterrosen die Schmuckmedaillons aus Stuck und Naturstein Pate. Diese wiederum stehen in enger Verbindung mit der islamischen und vorislamischen Formensprache des Vorderen Orients (Franz 1956 u. Franz 1959). Auch einige der Ziegelgitter in der Steiermark lassen sich mit hoher Sicherheit auf islamische Muster zurückführen (Hohmann 1975:16, Abb. 144).

ZIEGELGITTER DES ALPEN-ADRIA-RAUMES

Gemeinsamkeiten

Die große Zahl der Ziegelgitter des hier behandelten Raumes stammmt aus dem 19. und 20. Jahrhundert. Der abrupte Wechsel in den Baumaterialien im ländlichen Bauen, und zwar von der Holz- auf die Ziegelbauweise, vollzog sich in der ersten Hälfte des 19. Jahrhunderts, vor allem auf Grund der Einführung von Brandschadenversicherungen, die angesichts der erhöhten Brandgefahr bei Holzbauwerken diese mit einer höheren Prämie belegten, als Bauten aus nichtbrennbaren Baustoffen. Die Landwirtschaftskammern förderten darüber hinaus die Ziegelbauweise ganz gezielt. Dies geschah zu einer Zeit, in der die hier betrachteten, zu den drei „Trigon-Staaten" zählenden Regionen Friaul, Venetien, Slowenien, Kärnten und Steiermark zum damaligen Österreich gehörten. Es ist daher sicher auch aus der Geschichte zu verstehen, daß die Ziegelgitter all dieser Regionen vieles gemeinsam haben. Bereits 1866 fiel das damalige Venetien allerdings an Italien und seit 1919 gehört Slowenien zu Jugoslawien.

Vorbilder für die Ziegelgitter

Was gab es nun aber an Vorbildern für die neuen Scheunen, als durch eine neue Brandschutzverordnung für Neubauten und auf längere Sicht auch durch das gestaffelte Prämiensystem der Versicherungen für die bestehenden Holzscheunen der Wechsel zum neuen Baumaterial notwendig wurde? Man war auf der Suche nach luftdurchlässigen Wänden für Heubergeräume aus Ziegeln, um so die luftigen, niemals dicht verschalten, hölzernen Scheunen ersetzen zu können.

An Vorbildern aus unvergänglichem Material waren vorhanden:

○ die Wirtschaftshöfe der Klöster und Stifte, die
228 sich teilweise schon früher als die kleineren
–230 Bauern auf Ziegel umgestellt hatten;

○ etwas ältere Ziegelgitter, wie jenes aus dem 18. Jahrhundert in einem Gebiet nördlich des
36 Bodensees, und wahrscheinlich auch schon ältere Wirtschaftsgebäude mit Ziegelgittern in der Poebene;

○ die im Alpen-Adria-Raum schon bestehen-
6 den Taubenhäuser in Ziegelbauten, welche die Grundform des ins Mauerwerk integrierten Ziegelgitters vorformulierten;

○ die Transennen und die Fensterrosen älterer
47 Kirchenbauten;

○ das offene Maßwerk beispielsweise in Kreuzgängen von Klöstern.

Für die Wahl der Gittermotive gab es außerdem einerseits das lokale Repertoire der Volkskunst und zum anderen auch genügend Vorbilder in
52 der bestehenden Holzarchitektur. Im abgebilde-
51 ten Beispiel einer Heuharpfe aus Motnik (Jugoslawien) sind sowohl die für die Ziegelgitter dieser Region so typischen drei Rundrosetten und eine große, durchgestaltete Halbrosette, als auch ein großflächiges Diagonalgitter in Holz ausgeführt, an einem Holzobjekt zu sehen.

Es muß allerdings hier nochmals betont werden, daß es sich bei diesen Vorformen in der Holzarchitektur selbst oft wieder um bereits umgesetzte Motive aus dem Bereich der profanen oder sakralen Steinarchitektur handelt.

Weitere Vorbilder lieferte die zeitgenössische städtische Architektur, die in dieser Zeit die verschiedenen Phasen des Historismus durchlief. Hier waren es vor allem auch die Motive der neogotischen Sakralarchitektur, die gut in das Konzept auch der Abwehrstrategien zu passen schienen. Besonders in Kärnten und Friaul findet man viele neogotische Elemente in den Ziegelgittern.

Bei fast allen älteren Stallscheunen ist der untenliegende Stall schon vor 1800 erbaut worden. Dieser, meist aus Naturstein gemauerte Teil des Bauwerkes hat in der Regel Gewölbe; darüber errichtete Pfeiler überragen den Massivbau an den Ecken, gliedern die Außenwandflächen des Obergeschoßes in große Felder und tragen das Dach. Das so entstehende Obergeschoß bildet die Scheune. Die Felder zwischen den Mauerpfeilern waren ursprünglich entsprechend mit einer durchlässigen Bretterwand geschlossen. In vielen Fällen wurden nun die Verbretterungen durch Ziegelmauerwerk ersetzt, in das wiederum Ziegelgitterfelder eingefügt wurden. In
50 manchen Fällen heben sich noch heute die alten Natursteinpfeiler von den neuen Ziegelmauerpartien innerhalb der Fläche deutlich ab.

Eine nähere Betrachtung der Ziegellüftungsgitter soll nun getrennt nach den einzelnen Regionen erfolgen, um so die regionalen Charakteristika besser verstehen zu können.

ZIEGELGITTER IN FRIAUL UND VENETIEN

Bezeichnungen

Im Raum um Palmanova bei Udine wurden die folgenden friulanischen Bezeichnungen für Ziegelgitter gefunden: „mur forat" (durchlöcherte Mauer) und „griglie de tiese" (nach Auskunft von Silvano Bertossi). Gängigere italienische Ausdrücke für Ziegelgitter sind „grigliatura di mattoni" (Ziegelgitter), „griglia di mattoni", „grigliato di mattoni", „grata di mattoni" und „griglia di aerazione in mattoni" (Ziegellüftungsgitter, pers. Mitteilungen von Laura Colledan).

Gebäudetypen

Gebäude, in denen Ziegelgitter verwendet wurden, können hier in zwei Gruppen zusammengefaßt werden.

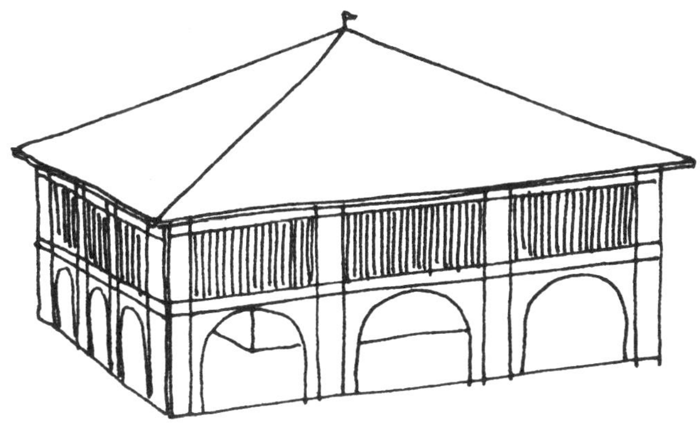

Abb. 10:
Feldscheune mit Heubergeraum, Feldmaschinen- und Wagenunterstand – typisch für die Poebene.

Die eine Gruppe bilden die großen Scheunen
110 der Poebene, die vollständig in Ziegeln gemauert sind. Sie erreichen meist auf quadratischem Grundriß stehend eine Mauerhöhe von ca. 6 m und weisen darüber ein flach geneigtes Zeltdach mit Mönch-Nonne-Deckung auf.

Abb. 11:
Friulanische Stallscheune mit Walmdach – oben Heubergeraum, unten Stall.

Die andere Gruppe besteht aus kleineren Bauten im südlichen Alpenvorland mit meist aus
103 Bruchsteinmauerwerk errichtetem Sockelgeschoß für die Viehhaltung und einem leichter gebauten Obergeschoß für die Heulagerung. Diese Gebäude weisen einen länglichen Rechteckgrundriß auf, dessen Breite durch die Art der Aufstallung bestimmt ist und werden meist mittels eines Walm- oder auch eines Satteldaches überdeckt; manche dieser Bauten weisen an der
96 Längsseite noch einen Quergiebel auf.

Die Scheunen der Poebene haben auf Grund ihrer gewaltigen Ausmaße sowohl aus konstruktiven Gründen als auch für eine bessere und leichtere Ausnützung des großen Dachraumes einen gemauerten inneren Kern, über dem der Hauptlagerraum gelegen ist. In den Außenzonen dieser Gebäude sind Abstellplätze für Wagen und landwirtschaftliche Maschinen untergebracht. Die Fassaden sind fast immer in zwei Zonen gegliedert: unten die Einfahrtstore bzw. Durchfahrten, oben die Ziegelgitterflächen. Sie sind überdies gegliedert durch Stützelemente,
110 wie Pilaster mit schlichten, an Kapitelle erinnernden oberen Abschlüssen, sowie durch starke horizontale Elemente, wie Sockelbänder, Träger und Gesimse. Dazwischen werden die großen, offenen Felder im oberen Bereich membranhaft mit Zeigelgittern geschlossen, bzw. unten mit oft weit gespannten Toren oder Mauerfeldern versehen. Stilistisch erinnern diese Bauten am ehesten an klassizistische Vorbilder.
Viele dieser Bauten sind heute auf Grund von Umstellungen in der Landwirtschaft nicht mehr in Verwendung; sehr schöne Beispiele landwirtschaftlicher Architektur sind daher oft im Verfall begriffen. Da die Objekte in einem Gebiet stehen, das sehr holzarm ist und in dem spätestens seit der Römerzeit kontinuierlich in Ziegeln gebaut wurde, ist zu vermuten, daß dieser Bautypus eventuell samt Ziegelgittern schon eine lange Tradition hat. Vielleicht wurden sogar von hier die Ziegelgitter in den süd-ost-alpinen Raum gebracht.
Die zweite Gruppe von Gebäuden hat im Erdgeschoß ein in Bruchsteinen gemauertes Stallgeschoß und im Obergeschoß den Heubergeraum, oft in Mischbauweise ausgeführt. War das Obergeschoß ursprünglich ein hölzerner Ständerbau mit Bretterausfachung, so wurden in der Zeit der Umstellung die Stützglieder nun in Zie-

geln gemauert und die Felder dazwischen mit
Ziegelgittern, zumeist etwas zurücktretend, aus-
gefacht. Doch gibt es auch Beispiele, bei denen
das Dach bereits ursprünglich durch gemauerte
Stützpfeiler getragen wurde. Man findet also
Bauwerke mit reiner Ziegelarchitektur im Ober-
geschoß und auch solche mit einer Mischung
von Bruchsteinmauerwerk für die Stützglieder
und Ziegeln für die Gitter. Das architektonische
Konzept dieser Bauten wird bis heute selbst bei
Neubauten verfolgt. Ziegelgitterfelder sind so-
wohl in den Seitenwänden, als auch in den Gie-
belwänden zu finden. Die ursprüngliche Nut-
zung ist auch bei den Bauten des südlichen Al-
penvorlandes nicht mehr überall gegeben, und
so verfallen auch hier derartige Bauten. Den
größten Schaden an den besonders reizvollen
Ziegelgittern im Raume Gemona und Venzone,
nördlich von Udine, richtete allerdings das Erd-
beben vom 6. Mai 1976 an, durch welches diese *101*
zu einem sehr hohen Porzentsatz zerstört wur-
den. Besonders jene Typen, die in fertige Mau-
eröffnungen gestellt und oft nicht in der Laibung
verankert waren, fielen aus der Öffnung und
wurden so zerstört, selbst wenn das Gebäude
dem Beben standhielt. So gibt es in dieser Re-
gion heute fast keine alten Ziegelgitter mehr. Die
wenigen erhaltenen im Raum um San Daniele
del Friuli und Fagagna belegen aber, wie originell *99*
und individuell gestaltet viele der Gitter dieser
Zone gewesen sein müssen. Das Beispiel von
Carpacco ist nur eines von vielen, die zehn *101*
Jahre nach dem Beben immer noch augenfällig
Zeugnis von der Zerstörung abgeben.

Gittertypen

Auch hier gibt es Gitter, die tragend ins Mauer-
werk integriert sind und solche, die nur genü- *102*
gend Eigenstabilität haben müssen, um in einer *97*
vorbereiteten Öffnung einem gewissen Wind-
druck standzuhalten.
Die Gitter der ersten Gruppe weisen meist ein
Kreuzmuster auf; man findet aber auch Gitter *111*
aus ganz einfachen, kleinen Quadratöffnungen
oder aus vertikalen Schlitzen. Die Letztgenann-
ten wurden meist in den letzten zehn Jahren
nach dem Erdbeben aus Betonsteinen errichtet.
Im Kanaltal findet man auch Dreieckmuster tra- *95*
gend ausgeführt. Im allgemeinen sind die tra-
genden Gitter eher auf das südliche Alpenvor-
land beschränkt. Je weiter man in das flache
Schwemmland der Poebene kommt, desto stär-
ker sind die nichttragenden Gittertypen vertre-
ten, die in vorgefertigte Maueröffnungen oder in
nach oben konstruktiv offene Öffnungen ge-
mauer sind. Der obere Abschluß kann aber auch
als Spitz- oder Rundbogen ausgebildet sein; am *103*
häufigsten findet hier der Segmentbogen oder *92*
der scheitrechte Bogen Verwendung.

Gitterelemente

Als Gitterelemente werden vor allem Mauerzie-
gel und Dachziegel verwendet, zum Teil aber *98*
auch andere Ziegelfertigteile. Gitter aus flachen *93*
Biberschwanzziegeln sind eher auf die Zonen *106*
des Alpenvorlandes beschränkt, während
Mönch-Nonne-Elemente stärker in den heiße- *101*
ren Zonen der Poebene verwendet wurden.
Dies hängt sicher indirekt mit den verschiedenen Klimazonen zusammen, die Haustypen mit verschiedener Dachneigung hervorgebracht haben; flachgeneigte Dächer lassen sich nur schwer mit Biberschwanzziegeln eindecken. Heute werden zunehmend die haltbareren Betonsteine eingesetzt, die in vielfacher Hinschicht – insbesondere bezüglich ihrer haustechnischen Eigenschaften – wesentlich ungünstiger sind als der Ziegel (Hohmann 1975:20).

Motive

Bezüglich der Motive muß prinzipiell zwischen den Ziegelgittern der Poebene und jenen des Alpenvorlandes unterschieden werden.
Die Motive der großen Scheunen in den Feldern der Schwemmebene sind eher eintönig; der Reiz dieser Bauten liegt in ihrer Großform.
In den kleinen Dörfern des Alpenvorlandes hin-
gegen werden vielfach die Motive der örtlichen
Volkskunst verwendet. Manche Gitter erinnern
an Kreuzstichstickereien, andere an Motive der
Bemalungen bäuerlicher Möbel. Es gibt zwar
auch hier – wie in der Poebene – die großflächi-
gen, gleichförmigen Gitter, die entweder aus
93 Fertigteil-Elementen bestehen, oder die aus
106 Mauerziegeln zusammengesetzten Gitter, bei
denen meist kreuzförmige Öffnungen in großer
Zahl nebeneinander und diagonal versetzt über-
einander angeordnet sind. Interessanter sind
aber die differenzierter gestalteten Gitter mit
87 Blumenmotiven, Initialen und Jahreszahlen, die
88 meist wohl das Jahr der Errichtung angeben.
Man findet auch das Symbol der aufgehenden
89 Sonne, das vierblättrige Kleeblatt und den Drei-
sproß. In den runden Giebelöffnungen finden
sich verschiedene Arten von Rosetten, Wagen-
90 radmotiven und Blumen. In einigen Fällen zeigt
die Gestaltung deutliche Bezüge zu den Eisen-
bahnbauten und zur Industriearchitektur des 19.
Jahrhunderts; der typische Wechsel von Bruch-
steinsockel, verputzten Wandflächen und Zie-
geldekor im Bereich der Fensterfaschen und der
Eckrisalite macht diese Verbindungen augenfäl-
lig. Andere Beispiele zeigen deutliche Bezüge
92 zum Historismus des 19. Jahrhunderts. Insbe-
96 sondere finden sich viele Gitter in spitzbogen-
förmigen Maueröffnungen mit ihren sich durch-
dringenden, an Maßwerk erinnernden „Rip-
pen". Sie zeigen eine Beziehung zur Neogotik.
Auch die Kreuzformen als Motiv für Wandöffnungen weist in diese Richtung.

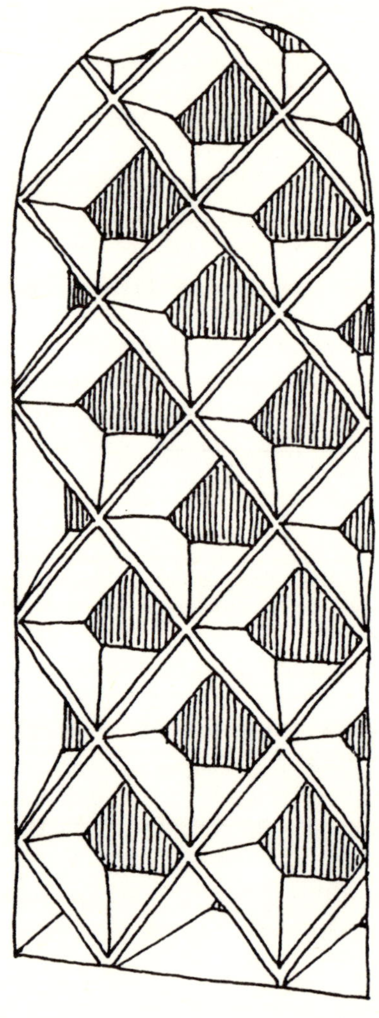

Abb. 12:
Regenabläufe in Ziegelgittern aus Friaul in Form von eingeputzten Mörtelkeilen.

Konstruktiv betrachtet kann man im Detail bei
einigen Gittern des südlichen Voralpenraumes
besondere Vorkehrungen zur Ableitung von
Schlagregen beobachten. So ist bei manchem 90
Gitter bei jeder einzelnen Öffnung unten ein re-
lativ steiler, nach außen geneigter Mörtelkeil ein-
geputzt. Hierdurch kann man trotz der großen
Öffnungen auf die Anordnung eines zweiten,
versetzten Gitters zum Schutz gegen schräg
einfallenden Regen verzichten, wie es statt des-
sen öfters in der Steiermark vorkommt, was an-
dererseits in Norditalien wieder nicht nachge-
wiesen werden konnte. Auch die räumlich kon-
struierten, in der Steiermark „Schränkfenster"
genannten Gitter, kamen offenbar nur in selte-
nen Fällen zur Anwendung.

Oberflächen

Die meisten Ziegelgitter im Nord-Osten Italiens
sind unverputzt. Nur im südlichen Alpenvorland, 95
in Friaul, gibt es einige Beispiele verputzter und 97
zum Teil auch farbig bemalter Gitter. Mitunter
sind auch nur die Wandflächen verputzt, wäh-
rend die Gitter selbst unverputzt bleiben.

Datierung

Von den untersuchten Gittern der Region waren
nur wenige durch eine in das Gitter integrierte
Jahreszahl datiert. Bei den meisten Ziegelgittern 87
dürfte es sehr schwer sein, das Errichtungsda-
tum zu rekonstruieren. Es kann aber vermutet
werden, daß die landwirtschaftichen Bauten der
Poebene auf eine längere Tradition zurückge-
hen, als die im südöstlichen Alpenvorland.

ZIEGELGITTER IN SLOWENIEN

Bezeichnungen

Folgende Bezeichnungen für Ziegelgitter konnten in Slowenien in Erfahrung gebracht werden: „Lukje", „Luknje" (= Löcher), „Lükje", „Lükjasti zid" (Löchermauer); „opečna mreža" (= Ziegelgitter), „lina" (= kleine Öffnung), „vetrnik" (= Windzug); (persönliche Mitteilungen von Dušan Moškan); „prezračevalne odprtine" (Lüftungsöffnung); „zračniki" (persönliche Mitteilung von Iva Curk) und „prezračevalne line" (Durjava 1986:53 und 56). Ein Bauer in Skofja Vas nannte außerdem den Ausdruck: „ogneno okno" (= Feuerfenster).
Im allgemeinen war es schwer, Bauern zu treffen, die noch eine Bezeichnung für Ihre Ziegelgitter wußten. Dies ist um so erstaunlicher, als in Slowenien die Tadition, dieses Architekturelement zu verwenden, noch lebendig ist; man findet sehr viele Gitter, auch aus der Zeit nach 1945, und selbst heute werden sie noch unter Verwendung alter Motive in die Außenwände von Heubergeräumen eingebaut.

Gebäudetypen

125 Wie in der nördlich angrenzenden Steiermark,
152 kann auch in Slowenien festgestellt werden, daß
die Größe der landwirtschaftlichen Gebäude,
und zwar jener Objekte, in die Ziegelgitter eingebaut sind, in der Tendenz von Osten nach Westen zunimmt.
Prinzipieller Unterschied vor allem zu den Wirt-
21 schaftsgebäuden der Steiermark ist aber, daß
die Bauten hier fast nirgends asymmetrisch aufgesetzte Dächer haben. In der Steiermark erreicht man vor allem bei kleindimensionierten Wirtschaftsgebäuden der Ost- und der Weststeiermark durch solche asymmentrisch aufgesetzte Satteldächer einen stützenfreien Unterstand entlang einer Längsseite des Objektes. In
117 Slowenien hingegen wird dieser überdachte Be-
reich durch eine seitlich angeordnete Durchfahrt ersetzt, durch die man mit dem Heuwagen fahren kann, so daß das Heu dort im Trockenen entladen werden kann. Die im Vergleich zur Steiermark und zu Kärnten eher etwas flacheren Dächer begünstigen die breitere Ausbildung der Gebäude.

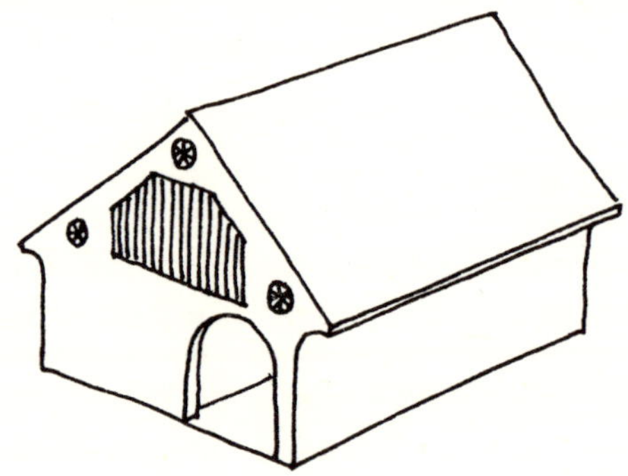

Abb. 13:
Ost- und mittelslowenischer Stallscheunentypus.

Position der Gitter im Gebäude

Da bei den Bauten in Slowenien der Heuberge-
116 raum in der Regel auf den Dachraum beschränkt
137 ist, sind Ziegelgitter in sehr vielen Fällen aus-
schließlich in den zwei Giebelfeldern zu finden.
Im Erdgeschoß sind gewöhnlich die Stallungen
und Abstellräume für Feldmaschinen unterge-
133 bracht. Es gibt aber auch Höfe, bei denen ein
Heubergeraum im Erdgeschoß untergebracht
ist, so daß hier auch die Gitter an der Längsseite
oder unter den Giebelfeldern liegen. Leider wird

im Zuge von Modernisierungen bzw. Umstellungen in der Landwirt auch in Slowenien mancher alte Heustadel nutzlos, verfällt oder er wird abgetragen. Im Vergleich zu Nordostitalien oder zur Steiermark ist aber die Originalnutzung der alten Wirtschaftsgebäude häufiger noch gegeben, möglichweise auch dadurch, daß die wirtschaftliche Situation Jugoslawiens generelle Umstellungen in der Landwirtschaft weniger begünstigte, als die im benachbarten Ausland. So sind die meisten der Gitter auch in relativ gutem baulichen Zustand.

Gittertypen

Von den großen Formen der Gitterflächen her
betrachtet, gilt es wieder zwischen tragenden,
oft sehr großflächig oder in langgezogenen Git-
terbändern angelegten, und nichttragenden, in 131
eine vorher gefertigte Maueröffnung gestellten 150
Gittern zu unterscheiden. Die tragenden Gitter
finden sich vorwiegend im Osten Sloweniens
und nehmen nach Westen hin kontinuierlich ab.
Bei der zweiten Gruppe von Gittern gibt es vor
allem sehr viele Rosetten. Insbesondere im 146
Raum zwischen Maribor und Ljubljana finden 151
sich viele Giebel mit je drei Rosetten oder Halb- 143
rosetten, und zwar jeweils unter dem First und
neben den zwei Traufpunkten. Diese Anord-
nung kommt häufig auch im zu Wohnzwecken
ausgebauten Satteldach vor, wo die in drei Be- 154
reichen vom ausgebauten Dachraum abge-
schnittenen Resträume über derartige Rosetten
belüftet werden. Vielleicht können sie auch als
Darstellung der Sonne in ihrem Tageslauf gese-
hen werden (Sonnenaufgang – Mittagsstand der
Sonne – Sonnenuntergang). Insbesondere das
Beispiel aus Dobrnez, das eine entsprechende
Kombination von Halb- und Vollrosette zeigt, 148
spricht hierfür. Wahrscheinlich ergab sich das

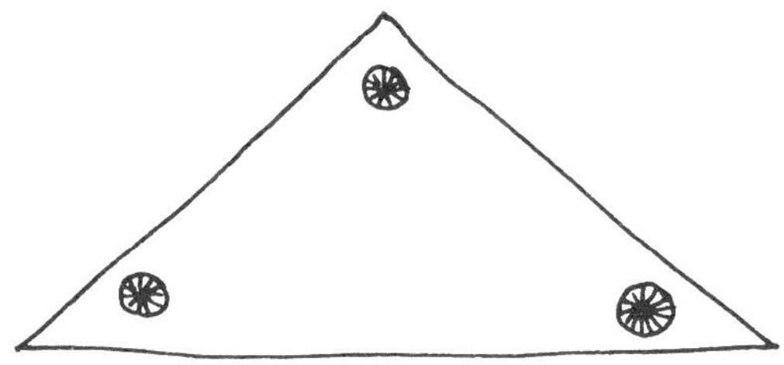

Abb. 14 und 15:
Typische Rosetten- und Halbrosettenanordnung an Giebeln in Slowenien.

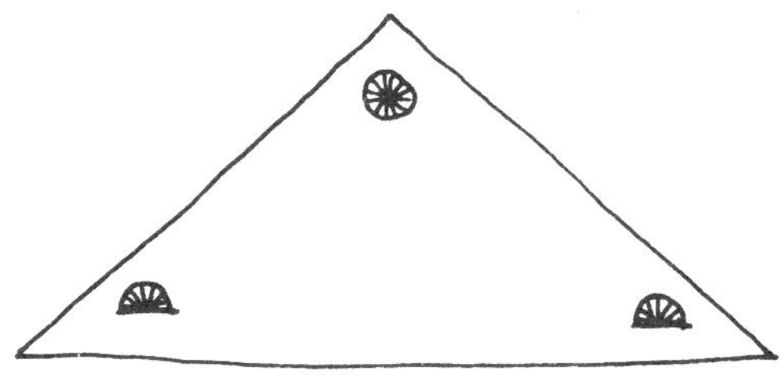

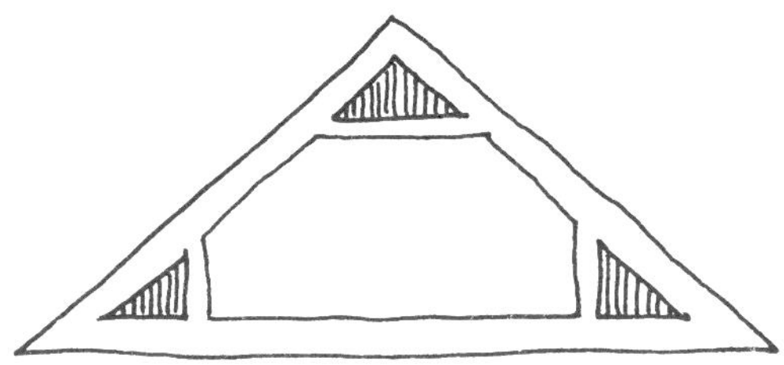

Abb. 16:
Lüftungsflächen für Resträume eines ausgebauten Daches.

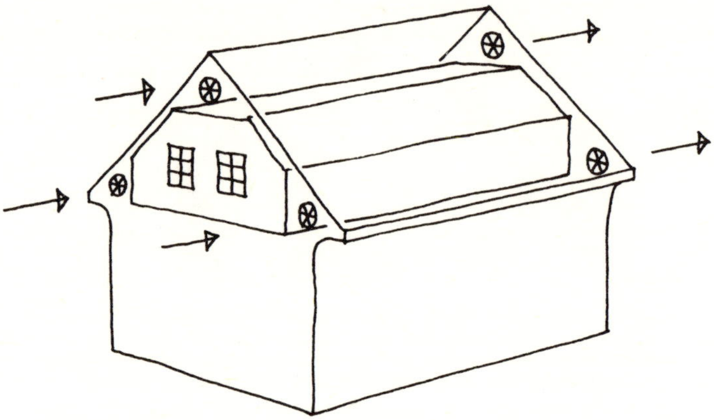

Abb. 17:
Typische Restraumdurchlüftungen bei ausgebauten Dächern in Slowenien mit Ziegel-Rosetten.

eine aus dem anderen. Die Hauptöffnungen in der Mitte der Giebelfläche sind meist Rundbogenfenster, mitunter aber auch Öffnungen mit Segmentbogen- oder mit rechteckigem Abschluß.
153 Auf eine Sonderform möchte ich speziell hinwei-
154 sen, und zwar Ziegelgitter in quadratischem
157 Feld, in die tragend eine Ziegelgitterrosette eingeschrieben ist. Sie sind vor allem im Raum um Ljubljana zu finden und haben erstaunliche Ähn-
232 lichkeit mit entsprechenden Rosetten in Kärnten und auch mit einigen Transennen in Venedig.

Ziegelelemente

Eigens für die Gitter hergestellte Ziegelelemente sind früher in Slowenien wohl kaum verwendet worden. Im allgemeinen waren es nur Mauerziegel, Ton-Drainagerohre und Dachziegel. Erst heute werden Hochlochziegel und auch
149 Betonsteine mit ihren Hohlprofilen für Lüftungsgitter an landwirtschaftlichen Gebäuden verwendet.

Die Oberfläche der Gitter ist in den meisten Fällen unverputzt, wie überhaupt ein Großteil der Ziegelbauten in Jugoslawien unverputzt ist. In manchen Gegenden Sloweniens hat man auch nur die Giebelfelder verputzt, während das Sokkelgeschoß unverputzt blieb. Dort, wo Putz aufgetragen wurde, sind auch die Gitter mitunter farbig bemalt, in anderen Fällen ist das Gitter in der verputzten Mauerfläche ausgespart; dann ist teilweise die verputzte Fläche um das Gitter herum bemalt. In anderen Fällen wieder sind Rosetten im Giebelfeld nur aufgemalt. Es finden sich aber auch Objekte, bei denen Gitterfelder an den Gebäudelängsseiten aufgemalt sind.
Manchmal sind jene Bereiche von Gittern, die bei Schlagregen nicht genügend Schutz gegen eindringendes Wasser bieten konnten, von ihnen her so zugemauert worden, daß nur mehr ein Teil desselben Belüftungsfunktion übernehmen kann. Auch in den nördlich angrenzenden Gebieten findet man derartige Vormauerungen von innen. Eine andere Art von Schutz gegen Schlagregen, die in der Steiermark oft zur Anwendung kam, nämlich das Gitter zweischalig anzulegen oder sogenannte verschränkte Gitter zu verwenden, fand ich hier nur selten.

Motive

Die Motive der slowenischen Ziegelgitter sind im Osten sehr unterschiedlich und individuell gestaltet, während sie weiter im Westen in manchen Gegenden innerhalb einer nur sehr engen Bandbreite, jeweils einem bestimmten Schema folgend, variieren. Im Osten sind es figurale Motive, der bäuerlichen Volkskunst entnommen, christliche und auch nichtchristliche Symbole. Man findet eine große Zahl von Gittern, die deut-

lich Verwandtschaft mit jenen in der nördlich an-
schließenden Steiermark haben. Es kann fest-
gestellt werden, daß an christlichen Symbolen
neben dem lateinischen Kreuz auch das griechi-
sche und das Andreaskreuz in Slowenien ver-
wendet wurden. Außerdem finden sich Abkür-
zungen, wie die Buchstabenfolge IHS in Kombi-
nation mit dem Kreuz (IHS = in hoc signo), das *113*
Herz – teilweise mit Nägeln (= Herz Jesu).
Andererseits gibt es den Drudenfuß, den ausge-
schnittenen Stern mit fünf Spitzen (= Freiheits- *69*
stern), den Sechs-Spitz (Davidstern) und viele *59*
windrosenähnliche Sterne, deren Blätter bzw.
Strahlen mitunter sogar farbig bemalt sind; wei-
ters Sonnen als Vollrosen und als Halbrosetten,
die auf- oder untergehende Sonne darstellend,
Räder, das vierblättrige Kleeblatt und viele Blü- *57*
tenmotive. Daneben finden sich eine Vielzahl
von geometrischen Mustern mit wohl weitge-
hend dekorativem Charakter, von denen man-
che wieder maurisch anmuten. Die Darstellung
einer Krone stammt vielleicht noch aus der Zeit *112*
der Monarchie. Manche Gitter erinnern stark an
Bereiche der textilen Volkskunst (Stickereien,
Häkelarbeiten, Borten).
Selbst Schabrackenmotive (Schabracke = Pfer- *118*
dedecke), wie sie aus dem Dekor unter dem
Fenster des alten bäuerlichen Wohnhauses ins-
besondere aus dem 19. Jahrhundert in Öster-
reich und Ungarn bekannt sind, findet man auch
in Ziegelgitteröffnungen.
Von den Motiven her besteht also vor allem im
Osten Sloweniens eine starke Beziehung zu
den Ziegelgittern der Steiermark.
Auch die Taubenschläge, die man in der südli-
chen Steiermark öfters in Ziegelgitter integriert
oder hoch oben im First einer Stallscheune fin-
det, gibt es in Slowenien.
Diese Taubenschläge dürften im östlichen Slo- *126*
wenien und in der südlichen Steiermark, wie *134*
schon vorher ausgeführt, eine lange Geschichte
haben (Vischer 1681: Abb. 259).
Die Unterschiede zwischen slowenischen und
steirischen Wirtschaftsgebäuden sind eher in
der Bauform und in verschiedenen anderen Ar-
chitekturdetails, wie etwa den tönernen Hähnen *139*
auf den Dächern zwischen Ptuj und Lenart, zu *146*
suchen.

Datierung

Das Errichtungsdatum des Ziegelgitters läßt sich
in den meisten Fallen auch hier nur schwer be-
stimmen. Bei all jenen Bauten, bei denen es Hin-
weise auf das genaue Baualter gab (in die Gitter *165*
integrierte Jahreszahlen beispielsweise), lagen
die Jahreszahlen für die Errichtung zwischen
1830 und 1986. Die ermittelten Jahreszahlen
verteilen sich relativ gleichmäßig über diesen
gesamten Zeitraum, woraus man schließen
kann, daß die Tradition der Ziegelgitter hier nie
abgerissen ist, wie beispielsweise in der Steier-
mark, wo man erst in den letzten zehn Jahren
wieder versucht, an die Zeit vor 1945 anzuknüp-
fen. Die jüngsten Ziegelgitter Sloweniens zei-
gen daher auch, daß neue Baustoffe, neue Zie-
gelelemente sehr harmonisch, fast unauffällig, in
modernere, zeitgerecht gestaltete Gitter mit
manchen älteren Zitaten integrierbar sind. Die
Art, mit diesem Architekturelement umzugehen,
zeigt die ungebrochene Tradition.

ZIEGELGITTER IN KÄRNTEN

Bezeichnungen

Bei der Ermittlung von volkstümlichen Ausdrükken für Ziegelgitter gab es in Kärnten größere Schwierigkeiten als in Slowenien, Friaul, Venetien und der Steiermark. Dies kann daran liegen, daß bei der Errichtung der mächtigen Ziegelwerkscheunen der großen Höfe in Kärnten die Bauern in der Regel nicht selbst Hand anlegten, wie das bei den kleineren Betrieben der Steiermark und in Slowenien, aber auch in Friaul offensichtlich der Fall war, sondern dies den Bauhandwerkern überließen und so weniger Beziehung zum Bau und so auch zu seinen architektonischen Elementen entwickelten. So konnten nur unspezifische Ausdrücke, wie „Guckn“, „Lucken“, „Fenster“, „Lüftungsfenster“ oder relaiv häufig „Stadlfenster“, im Bereich des Zollfeldes und im Bezirk St. Veit/Glan auch „Ziegelgitter“, nachgewiesen werden. Einmal wurde allerdings auch der Begriff „Ziaglgåtta“ genannt. Da Gåtta eher eine zeitweise Absperrung, zum Beispiel die Tür in einem Zaun, bezeichnet, klingt das unwahrscheinlich, könnte aber auch stimmen, wenn man zum einen die Möglichkeit eines gewissen Bedeutungswandels (siehe „Transennen“ in Italien) einkalkuliert, zum anderen daran denkt, daß in den alten Scheunen die Felder zwischen den Mauerwerkspfeilern verbrettert waren. Es gab eine Ausführung, bei der horizontal liegende Bretter zwischen zwei jeweils an den Pfeilern befestigten Leistenpaaren eingeschoben waren, so daß sie leicht zum Beschicken der Tenne herausgenommen werden konnten.

Gebäudetypen

Mehrere Arten von in Stein oder Ziegel gemauerten Stallscheunen sind in Kärnten speziell zu unterscheiden, die beide im Sockelgeschoß Stallungen beherbergen und im Obergeschoß die Scheune. Das Dach dieser Stallscheunen ist
211 als Krüppelwalm oder auch als Satteldach aus-
238 gebildet. Die Einfahrten bzw. Haupteingänge in den Stall sind gewöhnlich mittig an den Giebelseiten angeordnet. Die Einfahrten in den darübergelegenen Heubergeraum hingegen variieren. Es gibt sowohl traufseitig als auch giebelseitig erschlossene Obergeschoße. Bei den traufseitig erschlossenen ist entsprechend – zumindest auf einer Seite, meist auf beiden Seiten –

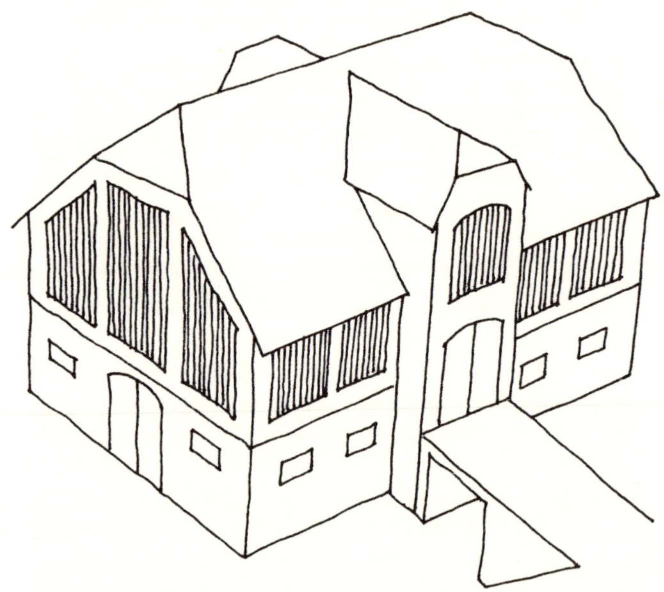

Abb. 18:
Stallscheune in Kärnten mit Zufahrt zum Heubergeraum an der Traufseite – symmetrische Giebelfläche.

zentral ein Gegengiebel, der wiederum als Walm oder Krüppelwalm ausgebildet sein kann, angeordnet, worunter sich dann die Einfahrt in die Scheune befindet. Die giebelseitigen Einfahrten sind oft außermittig angeordnet und stören dort in der Regel die Symmetrie und Ausgewogenheit der Ziegelgitter-Anordnung. Steht die Stallscheune in der Ebene, wird das Scheunentor
meist über eine Rampe und Tennenbrücke er- *187*
schlossen, bei Stallscheunen am Hang wird der *189*
Höhenunterschied im Gelände entspechend ausgenutzt. Besonders in Kärnten findet man auch öfters den wohl etwas älteren Pfeilerstadel

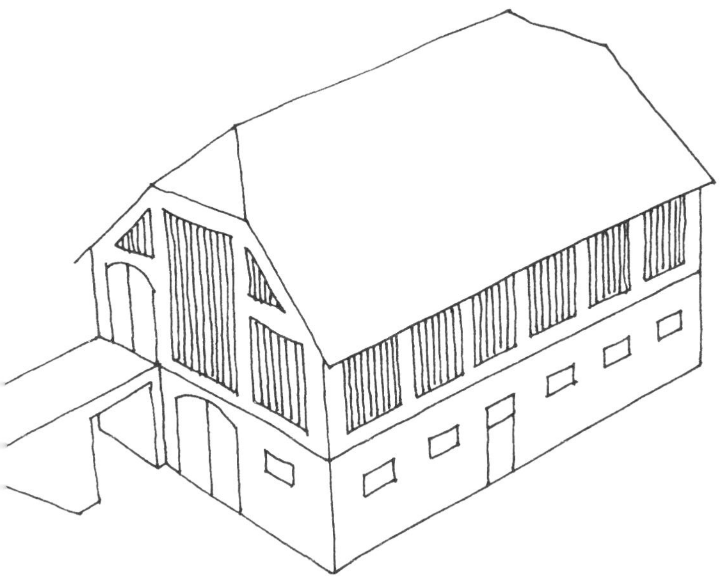

Abb. 18:
Stallscheune in Kärnten mit Zufahrt zum Heubergeraum an der Giebelseite – asymmetrische Giebelfläche.

aus Steinmauerwerk, der im Sockelgeschoß in *210*
den Stallungen ebenfalls Gewölbe aufweist und im Obergeschoß tragende, gemauerte Pfeiler, worauf dann das Dach des Bergeraumes lastet. Die Felder zwischen den Pfeilern des Obergeschoßes sind zum Teil heute noch bzw. waren mit einer luftdurchlässigen, aber weitgehend regensicheren Verbretterung versehen. Diese wurde besonders ab der Mitte des 19. Jahrhunderts in verstärktem Maße auch in Kärnten durch Ziegelgitter ersetzt. Auch im reinen Steinbau, in Gebieten, wo kein für die Ziegelherstellung geeigneter Boden vorhanden ist, findet man für diesen Zweck Ziegel verwendet.

Nutzung

Da in Kärnten noch häufig Vieh- und Feldwirtschaft kombiniert betrieben werden, sind hier die meisten der großen Scheunen noch in Funktion. Nur selten stehen Stallscheunen leer oder dienen nur mehr als Schuppen oder Werkstatt.

Öffnungsformen

Die Ziegelgitter von Kärnten kann man in zwei Gruppen gliedern. Die einen haben individuell und sorgfältig gestaltete Gittermotive, die anderen leben mehr von der großen Form der Gitterflächen, verwenden aber im Detail immer das
gleiche Öffnungselement – meist den „Kärntner *190*
Kreuztyp" – oder verschiedene Fertiggitter-Elemente. Letztere werden heute oft abgelöst von
Formsteinen, die nicht mehr aus Ton, sondern *223*
aus Ersatzwerkstoffen bestehen. Sie sind zwar von der Form her durchaus reizvoll, haustechnisch aber wesentlich weniger günstig, als der Ziegel mit seinen klimaausgleichenden Eigenschaften (Hohmann 1975:20).

Gittertypen

Am häufigsten finden sich in Kärnten Gitter mit

190 kreuzförmigen Öffnungen, die in Zeilen und diagonal übereinander angeordnet sind. Dieser Gittertyp wird daher auch hier als „Kärntner Kreuzgittertyp“ bezeichnet. Ebenfalls relativ häufig
223 werden Fertigteilgitter verschiedener Ausformung aus verschiedenen Materialien verwendet.
171 Als eine typische Kärntner Sonderform müssen
178 die oft an kompliziertes Maßwerk erinnernden
180 Rosetten und Halbrosetten an Giebeln von Zie-
233 gelwerkscheunen angesehen werden. Sie errei-
230 chen hier große Dimensionen und ihre Ausformung läßt auf professionelles Können der Maurer schließen. Gewisse Typen scheinen von denselben Maurern immer wieder ausgeführt worden zu sein. Vermutlich waren es, wie auch in der Obersteiermark, Maurerpartien aus Friaul, die zum Bau oder Umbau der Wirtschaftsgebäude in der zweiten Hälfte des 19. Jahrhunderts von den großen, reichen Kärntner Bauern geholt wurden. Aus dieser Zeit stammen auch viele Ziegelwerke in Kärnten und in der Steiermark, die ebenfalls meist in italienischen Händen waren, worauf die Namen zum Teil heute noch hinweisen.

Die Rosetten zeigen in manchen Regionen, so in der Gegend um Bleiburg, aber auch im Raume Klagenfurt im Zentrum aus Ton geformte, ge-
215 brannte Köpfe, ein Element, das sich in der
217 Volkskunst Kärntens und auch anderswo öfters
220 wiederfindet (Huber 1982, Huber 1985). Derartige Köpfe findet man aber nicht nur in Rosetten, sondern auch in anderen Positionen in Ziegelglittern, wie das Beispiel einer kleinen, sehr differenziert durchgestalteten Stallscheune in
241 Wolfsberg zeigt, wo solche Köpfe in die traufsei-
–248 tigen Gitterfenster eingesetzt sind, die selbst wieder eine spätgotisch anmutende, geschwungene Spitzbogenform aufweisen.

Köpfe konnten in Ziegelgittern außerhalb Kärntens nur in einem Fall in der Steiermark, und
7 zwar in Brunn bei Laßnitzhöhe, an einem Gebäude von 1809 nachgewiesen werden. Man kann das also als eine sehr typische Besonderheit Kärntens bezeichnen.

Gitter-Sonderformen

Als solche sind sicher Mauerdurchbrechungen in Form einzelner, christlicher oder nichtchristlicher Zeichen oder Symbole anzusprechen, die in die Ziegelgitter mitunter ganz deutlich, woanders aber wieder sehr verdeckt, integriert sind. In erster Linie sind es die verschiedenen Kreuz-
171 darstellungen (Andreaskreuz, lateinisches Kreuz, griechisches Kreuz), aber auch Motive,
193 wie Herz, Kelch und Kerze; auch Drudenfuß,
191 Dreisproß, Sonnenräder, Glücksklee und Gitter-
177 motive, wie die Namensinitialen oder Jahreszahlen, sind in Kärnten genauso, wie auch schon in Slowenien und im Nordosten Italiens als Negativform im Mauerwerk landwirtschaftlicher Bauten zu finden.

Konstruktive Eigenschaften

In Kärnten sind etwa die Hälfte der Gitter dem statisch tragenden Typus zuzurechnen, die andere Hälfte dem nichttragenden, wo Gitter in fertige Maueröffnungen gestellt werden und nur ausreichende Eigenstabilität aufweisen müssen. Besonderheiten, wie Giebel, die auf einem transparenten Gitterband aufliegen, finden sich vorwiegend in den slowenischen Gegenden Kärntens. Mehrschichtige Gitter wurden nicht
203 nachgewiesen.

Die verschränkten, räumlich angeordneten Gitter hingegen findet man in manchen Regionen wie zum Beispiel im Raum um die Benediktinerabtei St. Paul im Lavanttal.

Gitterelemente

Als Gitterelement ist in Kärnten sicher der ge-
wöhnliche Mauerziegel an erster Stelle zu nen- *202*
nen. Es kommen aber auch Dachziegel, mitunter *247*
sogar geschwungen gesägt für den Einbau in
Rosetten, aber auch Tonrohre und Firstkappen-
ziegel, eigens für Ziegelgitter hergestellte Ele-
mente, die zum Teil aus der Zeit um 1900 und
davor stammen, und dann – besonders in jünge-
rer Zeit – die Hochlochsteine aus Ziegel und
vielfach auch aus anderen Baumaterialien. Letz-
tere werden so in das Mauerwerk eingefügt, daß
die durchgehenden Öffnungen im Hochloch-
stein horizontal und quer zur Wandrichtung an-
geordnet sind. Die meisten Gitter sind an ihrer
Oberfläche nicht verputzt und auch nicht bemalt.
Es gibt aber in Kärnten auch solche, die direkt
oder auf einem Verputzuntergrund bemalt sind. *173*
Darüber hinaus sind mitunter aus Symmetrie- *218*
gründen dort an der Außenfassade Gitter aufge- *180*
malt, wo man mit diesen im Inneren keine Funk-
tion verbinden konnte. In anderen Fällen scheint
es das reine Schmuckbedürfnis zu sein, das
dazu führte, das Gittermotiv auf Außenwände
von Gebäuden, meist Wirtschaftsgebäuden,
aufgemalt wurden.

Besonders häufig finden sich im slowenischen
Kärnten aufgemalte und auch als Gitter ausge-
führte Windrosen oder Sonnenräder neben den *219*
Traufpunken und unter dem Firstpunkt in Gie-
belfeldern von landwirtschaftlichen Bauwerken.

Datierung

Die datierten Gitter bzw. solche, in deren Nähe Daten nachgewiesen werden konnten, von denen zu vermuten ist, das es sich dabei um das Errichtungsjahr des Objektes handelt, stammen fast alle aus der zweiten Hälfte des 19. Jahrhunderts. Das älteste, mir bekannte, datierte Objekt mit Ziegelgittern in Kärnten geht auf das Jahr 1839 zurück.

ZIEGELGITTER IN DER STEIERMARK

Die Steiermark hat sehr viele und besonders ausgefallen gestaltete Beispiele von Ziegelgittern zur Durchlüftung von Wirtschaftsgebäuden und Dachböden. Die im Verlag für Sammler erschienene Veröffentlichung „Giebelluckn und Stadlgitter“ (Hohmann 1975) enthält eine große Zahl von zeichnerisch wiedergegebenen und fotografischen Abbildung aus diesem österreichischen Bundesland. Seither wurde durch Presse, Rundfunk und Fernsehen immer wieder besonders auf die Gitter in diesem Bundesland und deren Schönheit hingewiesen, was zu einem verstärkten Interesse der Bevölkerung an der Erhaltung dieser Architekturelemente führte. Eine große Zahl von Objekten mit besonders schönen oder seltenen Ziegelgittern wurde durch das Bundesdenkmalamt unter Schutz gestellt. So war es interessant jene Gitter, die schon seinerzeit aufgenommen worden waren, nach zehn Jahren wieder aufzusuchen. Neben einem kleineren Teil auch nach 1975 noch zerstörter Gebäude mit Ziegelgittern – bei einigen stand bereits damals fest, daß sie nicht erhalten werden können – gibt es eine große Zahl inzwischen wieder restaurierter und renovierter Beispiele.
Der Bildteil von Gittern aus der Steiermark beschränkt sich daher auf solche Beispiele, die inzwischen renoviert bzw. restauriert wurden. Einige neu entdeckte Ziegelgitter ergänzen diesen Teil.
Es folgt nun eine Zusammenfassung von einigen der Ergebnisse des ersten Buches in Kombination mit Resultaten der neuen Bestandsaufnahme.

Bezeichnungen

In der Steiermark gibt es nicht nur eine sehr große Vielfalt an konstruktiven und formalen Varianten bei den Ziegelgittern, sondern auch eine große Zahl von Bezeichnungen für dieses Architekturdetail. Diese volkstümlichen Bezeichnungen variieren sowohl regional als auch nach der Art der Konstruktion und der Position des jeweiligen Gitters in der Außenmauer des Bauwerks. „Schränkfenster“ und „Schränkmäuern“ werden so in der Regel nur Gitter genannt, bei denen die Ziegel schräggestellt, lagenweise gegenläufig „verschränkt“ werden. Als „Spiegelwand“, „Spiegel“, „Spiegelmäuern“ werden vorwiegend Ziegelgitter an Giebelwänden bezeichnet. „Giebelluckn“ sind Gitter – oft auch nur Rosetten – im Giebeldreieck. „Boamluckn“, „Barn-luckn“, „Fenster“, „Bådenfenster“, „Bodenfenster“, „Stadlgitter“ und „Liftl“ sind weitere gebräuchliche Bezeichnungen für Ziegelgitter.

Gebäudetypen

Prinzipiell muß man zwischen den relativ kleinen Wirtschaftsgebäuden der Ost- und Weststeiermark und den zum Teil gewaltigen Bauten der viel wohlhabenderen Bauern in der Obersteiermark, besonders im oberen Murtal, unterscheiden. Die großen Ziegelwerkscheunen bzw. Stallscheunen – mit Natursteinmauerwerk im Bereich des Stalles – weisen oft eine großzügige Konzeption in der Verteilung, Form und Ausbildung der Ziegelgitter auf. Die obersteirischen Bauten haben auch am ehesten einen gemeinsamen Duktus, der daraus resultiert, daß man hier im vergangenen Jahrhundert zumeist pro-
265 fessionelle Maurer zum Bau oder Umbau der Wirtschaftsgebäude anstellte. Diese stammten

großteils – wie bereits erwähnt – aus dem südlichen Friaul, von wo sie auch ihre Technik und Formensprache mitbrachten. In der Ost- und Weststeiermark hingegen wurde vielfach in Nachbarschaftshilfe gemauert, wodurch der Zusammenhang mit der bodenständigen Volkskunst verständlich wird.

In den großen fruchtbaren Tälern der Obersteiermark bestehen die gemauerten Wirtschaftsgebäude gewöhnlich aus einer Stallzone unten,
deren Decke zumeist aus Gewölben besteht, 265
die einen guten Schutz für das Vieh gegen das Übergreifen eines eventuellen Brandes des darüber angeordneten Heuberges auf den Stall bietet. Der Heubergeraum ist je nach Größe des Hofes auch mehrgeschoßig ausgebildet und erreicht oft gewaltige Dimensionen. Viele Bauten tragen steile Satteldächer, seltener auch Krüppelwalmdächer mit 42° oder 47° Dachneigung.

Bei den weniger wohlhabenden Bauern in der Ost- und Weststeiermark hingegen herrscht ein
Stalltyp vor, den wir schon aus Ostslowenien 21
kennen, und der durch eine asymmetrische An- 258
ordnung des langgestreckten Satteldaches gekennzeichnet ist, durch die auf einer Längsseite des Gebäudes jeweils ein größerer Dachüberstand entsteht. Die Giebelwände dieser Wirtschaftsgebäude haben so ein asymmetrisches Aussehen.

Position der Gitter in den Gebäuden

Die Ziegelgitter liegen naturgemäß immer dort in den Außenwänden der Wirtschaftsgebäude, wo eine Belüftung beispielsweise des Heues, ge-
braucht wird, also in den Giebeldreiecken, und 258
bei den großen Stallscheunen rundum in den 265
Wänden oberhalb des Stalles, in den ost- und weststeirischen Bauten fallweise auch an der

Abb. 20:
Große, obersteirische Stallscheune mit Satteldach. Die Beschikkung des Heubergeraumes erfolgt ähnlich wie in Kärnten; in der Ebene führen meist künstliche Rampen zum Obergeschoß.

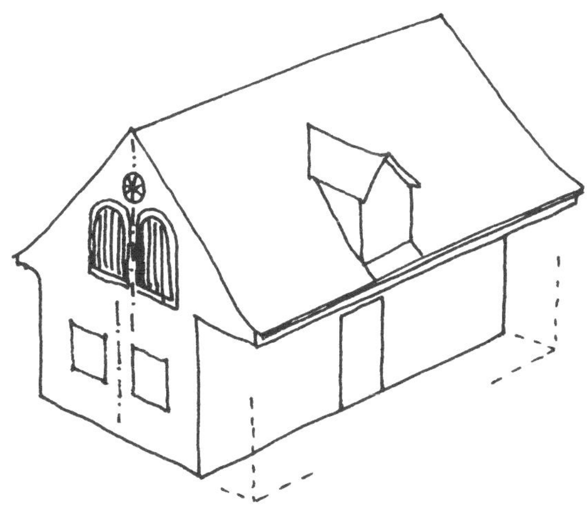

Abb. 21:
Steirische Stallscheune mit asymmetrischem Giebel – die Symmetrieachse des Erdgeschoßes und des Dachgeschoßes stimmen nicht überein.

Längs- oder Giebelseite im Bereich des Heulagers.

Gittertypen

Es gibt alle konstruktiven und statischen Varianten von Gittern in der Steiermark. Während in der Obersteiermark die nichttragenden, in das statische Gefüge des Bauwerkes nicht integrierten Gitter, vorherrschen, sind in der Ost- und Weststeiermark auch die tragenden Gitter recht häufig anzutreffen.

Ziegelelemente

Zur Konstruktion wurden in der Steiermark vorwiegend Mauerziegel verwendet. Vor allem in der Ost- und Weststeiermark werden auch andere Ziegelelemente, wie Dachziegel, Drainagerohre, Firstkappen und auch eigens gefertigte addierbare Ziegelelemente zum Bau der Gitter eingesetzt.

Gittermotive

260 An Motiven gibt es sowohl christliche als auch
271 heidnische Symbole, die in vielfacher Weise in
272 die Gitter integriert sind; daneben findet sich
265 eine Fülle ornamentaler Motive. Größtenteils
spiegeln diese Motive die örtliche Volkskunst wider. Zum Teil gibt es aber auch fremde, aus anderen Kulturen, wie beispielsweise aus der For-
262 mensprache des Islam, entlehnte Gittermotive
(Hohmann 1975).

Datierung

Die ältesten Gitter stammen aus dem frühen 19. Jahrhundert. Ein Gitter in Brunn bei Laßnitzhöhe trägt die Jahreszahl 1809. Die meisten Gitter stammen allerdings aus der Zeit nach der Einführung der ersten Brandschadenversicherung für Innerösterreich im Jahre 1832. Ein wahrer Höhepunkt in der Bautätigkeit bei landwirtschaftlichen Gebäuden mit Ziegelgittern war die Zeit zwischen 1870 und 1880. Nach 1945 wurden dann kaum mehr neue Ziegelgitter in der landwirtschaftlichen Architektur der Steiermark gebaut. Neue Techniken, wie die Einführung von künstlichen, energieaufwendigen Heutrocknungsanlagen traten an ihre Stelle. Erst nach 1975 wurden wieder vereinzelt Ziegelgitter in Wirtschaftsgebäuden verwendet.

ZUSAMMENFASSUNG

In einem Zeitraum, in dem die hier behandelten Regionen Friaul, Venetien, Slowenien, Kärnten und Steiermark auch politisch zusammengehörten , wurden hier verschiedene Lenkungsmaßnahmen durch öffentliche und private Einrichtungen wirksam, wie diverse Bauordnungen, die Brandschadenversicherungen für Innerösterreich, Empfehlungen und entsprechende Förderungsbestimmungen durch die Landwirtschaftskammern, durch die das Ziegelmauerwerk für das Bauen an Bedeutung gewann. Es galt nun auch für die gut luftdurchlässigen, losen Verbretterungen der Scheunen im neuen Material Lösungen zu finden. Vorbilder fand man in den südwestlich und möglicherweise auch in den nordwestlich angrenzenden Regionen. Für die Motive waren allerdings auch lokale Traditionen maßgebend.
So ergaben sich zwar viele Gemeinsamkeiten in der Art der Anwendung von Ziegelgittern – die, wie man bald erkannte, ihre Aufgaben funktionelle hervorragend erfüllten –, es bildeten sich aber auch entsprechend den verschiedenen lokalen Bautraditionen und den topografischen wie klimatischen Unterschieden regionale Eigenheiten heraus.

Gemeinsamkeiten und Unterschiede in Form und Motiven

Die großen Zeltdachbauten der Poebene mit ihren großflächigen Gittern weisen relativ wenig Volkstümliches auf. Sie sind Zeugnisse einer mehr als zweitausenjährigen Ziegelbautradition in einem sehr offenen und fruchtbaren Landstrich. Abwehrzauber hatte man hier vielleicht auch weniger nötig, da sich aus den klimatischen

Bedingungen kaum Probleme, wie die Gefahr der Selbstentzündung des Heues durch zu feuchtes Einlagern, ergaben, wie in den benachbarten, nordöstlich anschließenden regenreicheren Bergregionen. Es wurden in der Poebene wenig variierte Gitterformen über große Gitterflächen verwendet. So sind dort die am weitesten verbreiteten Ziegelgitter jene, die aus kreuzförmigen Öffnungen zusammengesetzt sind. Sie sind formal etwas anspruchvoller, als die kleinen, einfachen Rechtecköffnungen. Man findet Gitter mit kreuzförmigen Öffnungen zwar in allen hier besprochenen Regionen, am häufigsten allerdings in der Poebene und in Kärnten. Es handelt sich bei diesem Gittertyp um eine ohne großen technischen Aufwand herstellbare Gitterform.

In topografisch kleinteiligen Gebieten hingegen haben sich regional sehr unterschiedliche und in den Motiven der Volkskunst bzw. Volksbaukunst sehr verwandte Ziegelgitter ergeben.

So dürften sich dann auch die vielen aus dem Bereich der sakralen Architektur stammenden Elemente, die Spitzbogenöffnungen, Maßwerken ähnliche Gitterfüllungen, kleine Fensterrosetten und die vielen kleinen, vorwiegend christlichen Motive der Ziegelgitter in den südöstlichen Alpenregionen erklären lassen.

Die Motive kehren zwar immer wieder, werden aber von Tal zu Tal in leicht veränderter Form und mit charakteristischen Attributen in den Ziegelgittern verwendet. Ein besonders auffallendes Motiv aus dem Bereich der oben angeführten Themen stellen die großen Fensterrosetten in Kärnten und in der Gegend um Ljubljana dar, bei denen ein in ein Quadrat eingeschriebener Kreis durch vier Halbkreise durchdrungen wird. Dieses Motiv steht sicher im Zusammenhang mit Vorbildern aus dem Bereich der sakralen und profanen Baukunst.

Es gibt aber auch deutlich Verbindungen zur Ziegelarchitektur der gründerzeitlichen Eisenbahn- und Industrie-Architektur in allen hier untersuchten Regionen. Taubenschläge an Giebeln älterer, meist landwirtschaftlicher Bauten sind vorwiegend aus der südlichen Steiermark (Hohmann 1975:100) und dem östlichen Slowenien bekannt. Sie sind hier fast immer knapp unter dem First situiert und ihre Einfluglöcher weisen nicht nur große Ähnlichkeit mit Ziegelgittern auf, sondern sind vielfach mit diesen kombiniert und in sie formal integriert. Die Wechselbeziehung zwischen Lüftungsgittern und Taubenhäusern dürfte es schon sehr lange geben. Teilweise hatten und haben solche Gitter sogar offensichtlich doppelte Funktion.

Sicher ist die Taubenhaltung in kleinen Bauten unter dem Giebel wesentlich einfacher zu handhaben, da der Taubenschlag dann erreichbarer ist, als er es in ähnlicher Situierung in den großen Ziegelwerkscheunen , beispielsweise im Kärntner Krappfeld, wäre. Viele hölzerne Taubenschläge bei den Höfen der südöstlichen Steiermark und im östlichen Slowenien zeugen deutlich von einer hier längeren Tradition in der Taubenhaltung, als in anderen Regionen.

Ganz wesentlich sind die Ziegelgitter in ihrer Form und Anordnung durch den jeweiligen Gebäudetyp bestimmt. Charakteristisch sind beispielsweise für die Stallscheunen mit Satteldach im mittleren Slowenien fast immer drei Rosetten im Giebelfeld; diese entfallen bei den Kärntner Krüppelwalmdächern ganz oder werden durch zwei kleine Rosetten in den Ecken unter der Abwalmung ersetzt. Selbst bei Bauten mit einem Satteldach haben wir hier oft zwei nebeneinandergestellte Rosetten unter dem First; dazwischen ist dann meist ein lateinisches Kreuz angeordnet.

Eine typische Besonderheit bei Wirtschaftsge-

bäuden des mittleren und östlichen Slowenien sowie der südlichen Steiermark ist die durch die Anordnung des Heulagerraumes bedingte Beschränkung der Ziegelgitter ausschließlich auf die zwei Giebelfelder. Diese Giebeldreiecke sind meist, vor allem im heutigen Ostslowenien, durch gezahnte Leisten – Zeilen diagonal gestellter Ziegel – „grafisch" eingefaßt. Durch die Verwendung von Dachziegelstücken werden die Gitter hier in manchen Bereichen auch in einer sonst nirgends so ausgeprägten Weise feingliedrig; manche erinnern sehr stark an Borten und andere Arten der textilen Handarbeitskunst.
An den großen Scheunen in Kärnten und der Obersteiermark finden sich hingegen Beispiele von Ziegelgittern, die auf ein hohes Können der Handwerker schließen lassen. Sie wurden von friulanischen Maurern im 19. Jahrhundert als repräsentative Schaustücke der Ziegelbaukunst errichtet, wobei das „Streben nach Prestige" die Gestaltung sicher mitbeeinflußte. Der Charme, der vielen der Ziegelgitter in der Ost- und Weststeiermark bzw. im östlichen Slowenien anhaftet, fehlt hier eher.

Konstruktive Ähnlichkeiten und Unterschiede zwischen den Regionen

Die kreuzförmigen Gitter verwendet man einerseits als tragende, in das statische Gefüge integrierte Mauerwerksteile, bei denen die Steifheit der Wände, die sonst auf Grund ihrer geringen Stärke nicht gegeben wäre, dadurch gewährleistet wird, daß man in gewissen Abständen vertikale Verstärkungen des Mauerwerkes in Form von Pfeilern anordnete. Andererseits wurden die kreuzförmigen Gitter auch gerne in fertige große Maueröffnungen gestellt, wo sie dann nur für sich genügend Standfestigkeit entwickeln mußten.

Tragende, individuell gestaltete Gitter findet man vor allem an kleinen Gebäuden in der südlichen Ost- und Weststeiermark, im „steirischen Grabenland" und im östlichen Slowenien, in der Gegend von Murska Sobota und Lenart beispielsweise. In diesen Gegenden wurden offenbar – zum Teil in Eigenleistung, mit Nachbarschaftshilfe und mit lokalen Mauern – die Ziegelgitter an den Heubergeräumen gestaltet, mitunter etwas unbeholfen, aber ganz in der Formensprache bodenständiger Volkskunst.
Interessant ist, daß nicht nur bezüglich der Relation zwischen Ziegelgitter und Taubenhaus, sondern auch in der Wahl der Konstruktion der Gitter Ähnlichkeiten und thematische Verwandschaften eher über die Nord-Süd-Barriere der Südlichen Kalkalpen nachzuweisen sind; also eher vor allem über die Karawanken hinweg, als über die Ost-West-Barriere zwischen Kärnten und Steiermark, also über die Koralpe hinweg.
So sind die nichttragenden, in vorgefertigte Öffnungen gesetzten Gitter viel stärker im westlichen Slowenien und in Kärnten zu finden, während die tragenden in der Steiermark und im östlichen Slowenien überwiegen. Die Koralpe als Grenze findet weiter im Norden in der Gleinalpe und der Fischbacher-Alpe eine Fortsetzung; die obersteirischen Gitter sind fast alle nichttragend und so den Kärntner Gittern verwandt. Der Gebäudetyp ändert sich zwar vom westlichen Slowenien über Kärnten bis hinauf in die Obersteiermark, das konstruktive Prinzip hingegen bleibt in der Mehrzahl der Fälle gleich. Dies hängt möglicherweise unter anderem auch mit der Größe der Objekte zusammen. Die obersteirischen und die Kärntner Wirtschaftsgebäude, wie auch jene im westlichen Slowenien sind im Durchschnitt wesentlich größer, als die der mittleren und unteren Steiermark, sowie des östlichen Sloweniens. Die tragenden Gitter verlan-

gen ein sehr strenges Konzept, das während des Mauerns ständig im Auge behalten werden muß. Mauer und Gitter entstehen in einem Arbeitsgang. Bei großen Gebäuden ist es sicher einfacher, zuerst den Rohbau mit ausgesparten Öffnungen vorzugeben und dann in einem zweiten Arbeitsgang die Gitter in die Öffnungen zu mauern.

Entwicklung und Ausblick

Seit der Errichtung der ersten nachweisbaren Ziegelgitter in unserem Raum sind nahezu zweihundert Jahre vergangen. Bis 1945 wurden sie fast im gesamten, hier besprochenen Gebiet in der Landwirtschaft gebaut und verwendet. Aber selbst in der Poebene, von wo die Tradition der Ziegelgitter in Italien ausgegangen sein dürfte, wurden nach 1945 diese architektonischen Elemente nur noch in Ausnahmefällen neu errichtet. Auch in Friaul hat man erst nach dem Erdbeben von 1976 wieder – dann allerdings mit neuen Baustoffen – sehr einfache Gitterformen in größerer Zahl gebaut.
In weiten Teilen Sloweniens hingegen ist das Errichten von landwirtschaftlichen Gebäuden mit Ziegelgittern seit ihrer Einführung in der ersten Hälfte des 19. Jahrhunderts bis heute nie abgerissen. Man spürt dies sehr deutlich an den Motiven, die eine stetige Weiterentwicklung durchgemacht haben. Dies dürfte auch auf die mangelnde wirtschaftliche Kraft des Landes zurückzuführen sein, grundlegende Änderungen in der Landwirtschaft durchzuführen. Auch hier haben mitunter neue Baustoffe Eingang gefunden – meist wird aber auch heute noch der alte Mauervollziegel verwendet.
Die Tradition der Verwendung von Ziegelgittern in Kärnten wie auch in der Steiermark begann bereits um 1800 und brach um etwa 1945 fast vollständig ab. Entweder war ein ausreichender Heubergeraum mit Ziegelgittern vorhanden, oder man stellte auf andere Landwirtschaftsformen um. Vielfach wurden auch, sowohl bei alten als auch bei neuen Heuspeichern , künstliche Heutrocknungsanlagen eingebaut.
Erst in jüngerer Zeit, verstärkt in den letzten Jahren, werden in Kärnten und in der Steiermark wieder neue Ziegelglitter errichtet. Schwierigkeiten gibt es vor allem dadurch, daß man nur noch schwer massive Mauerziegel ohne Lochung erhält. Der Wunsch nach möglichst schneller und gleichmäßiger Trocknung, geringerem Ausschuß beim Brennvorgang, aber auch geforderte erhöhte Dämmeigenschaften des Ziegels führten vor allem in der zweiten Hälfte des 20. Jahrhunderts zu Hochlochziegeln in verschiedenster Ausprägung. Viele Maurer fühlen sich darüber hinaus außerstande, Ziegelgitter zu mauern.
Da es sich aber bei Ziegelgittern um ein meist schönes und zugleich sehr sinnvolles Architekturelement handelt, das die am Ort verfügbare Windenergie für die Durchlüftung des eingelagerten Bergegutes nutzbar machen kann, sollte man sich angesichts der ökologischen und eng damit verbunden auch der energietechnischen und so auch ökonomischen Probleme fragen, wieweit man nicht auf Ziegelgitter – eventuell modifiziert – in einer an unsere Bedürfnisse angepaßten Form zurückgreifen sollte.

LITERATURVERZEICHNIS

Aurenche, D.,
1981 La maison orientale. Bibl. Archeol. et Historique 109. Paris

Badelloni, Enzo,
1975 La Casa Rurale nel Padovano. Padova

Bandmann, Günter,
1949 Die Bauformen des Mittelalters. Athenäum-Verlag. Bonn

Barbieri, Giuseppe und Lucio Gambi (editors),
1970 La Casa Rurale in Italia. Reihe: Ricerche sulle Dimore Rurale in Italia, vol. 29. Firenze

Berner, Herbert,
1982 Bodman am Bodensee. Schnell, Kunstführer Nr. 946 (erste Auflage 1973), Verlag Schnell & Steiner. München/Zürich

Camesasca, Ettore,
1971 Das Haus, Vom Pfahlbau bis zur Wohnmaschine. Originalausgabe „Storia della Casa", Verlag Rizzoli, 1968; Verlag Bertelsmann. München.

Candia, Luigi (editor),
1959 La Casa Rurale nelle Pianura e nella Collina Veneta. Reihe: Ricerche sulle Dimore Rurale in Italia, vol. 20. Firenze

Corboz, André,
1971 Frühes Mittelalter. Architektur der Welt, Herausgeber: Henri Stierlin, Office du Livre. Fribourg

Dethier, Jean, (Herausgeber),
1982 Lehmarchitektur. Die Zukunft einer vergessenen Bautradition. Prestel-Verlag. München

Durjava, Matjaz,
1986 Gestaltungsprinzipien; über die Slowenischen Bauernsiedlungen und Volksarchitektur. Herausgeber: Društvo arhitektov Maribor. Maribor

Eisner, Karl,
1986 Wirtschaftsbauten mit Stadelgittern am Zollfeld. Die Kärntner Landsmannschaft, Heft 10/1986, Seiten 49–55. Klagenfurt

Farassat, Djamshid,
1981–1982 Lehmbauten im Iran. in: Architektur der Vergänglichkeit – Lehmbauten der Dritten Welt. Herausgeber: Die Neue Sammlung, Staatliches Museum für angewandte Kunst. München

Fathy, Hassan,
1973 Architecture for the Poor. The University of Chicago Press (first edition 1969 under the title "Gourna: A Tale of Two Villages", Cairo). Chicago

Fensterbusch, Curt,
1981 Vitruv, Zehn Bücher über Architektur. Wissenschaftliche Buchgesellschaft. Darmstadt

Florakis, Alekos E.,
1983 Tinos – La Tradition du marbre. Éditions «Galazio Egeo». Athenes

Franz, Heinrich Gerhard,
1956a Die Stuckfenster im Qusr al-Hair al-Gharbi. Wissenschaftliche Annalen, Sonderdruck, 5. Jahrgang, Heft 6, Seiten 465–483; Akademie-Verlag.
1956b Die Fensterrose und ihre Vorgeschichte in der Islamischen Baukunst. Zeitschrift für Kunstwissenschaft Nr. 10, Seiten 1–22.
1958 Transennae als Fensterverschluß; ihre Entwicklung von der frühchristlichen bis zur islamischen Zeit. Istanbuler Mitteilungen Nr. 8, Seiten 65–81 und Tafeln 23–31.
1959 Das Schmuckmedaillon in der Baukunst des Mittelalters in Italien, Byzanz und dem Islamischen Orient. Zeitschrift für Kunstwissenschaft Nr. 13, Seiten 111–138.

Garlake, Peter S.,
1975 Simbabwe – Goldland der Bibel oder Symbol afrikanischer Freiheit? Neue Entdeckungen der Archäologie; Gustav Lübbe Verlag. Bergisch Gladbach, BRD.
1982 Life at Great Zimbabwe. Mambo Press.

Geramb, Viktor von,
1935–1936 Schlüsselloch. Handwörterbuch des deutschen Aberglaubens; Band VII, Spalte 1231. Berlin, Leipzig.

Graf, Fritz,
1979 Das Götterbild aus dem Taurerland. Antike Welt, Zeitschrift für Archäologie und Kunstgeschichte, Nr. 4, S. 33–41. Feldmeilen, CH.

Harden, Donald,
1962 The Phoenicians. London

Heinrich, E.,
1982 Tempel und Heiligtümer im Alten Mesopotamien. Berlin

Helfritz, Hans,
1936 Vergessenes Südarabien. Büchergilde Gutenberg, Berlin

Heyne, Maren,
1977 Taubentürme in Tinos. Verlag Dieret Fricke GmbH. Frankfurt a. Main

Hohmann, Hasso,
1974 Anonymes Bauen in Mittel- und Ostpersien, Material und Konstruktion. Bauforum 44,7. Jahrgang 1974, Seiten 19-25. Wien
1975 Giebelluckn und Stadlgitter, Verlag für Sammler, Graz
1976 Ziegelgitter an Heubergeräumen in Österreich. Bauwelt Nr. 34, 67. Jahrgang, Seiten 1046 und 1047, Bertelsmann Fachzeitschriften GmbH. Berlin
1978 Taubenhäuser in Griechenland auf den Kykladen. Architektur Aktuell, Heft 63, 1978, Seiten 27 u. 28. Wien
1982 Kunstvolle Ziegelgitter an steirischen Wirtschaftsgebäuden. Katalog zur Landesausstellung 1982 in Stainz, Steiermark: Erzherzog Johann von Österreich, Seiten 236 und 237; Beiträge zur Geschichte seiner Zeit, Seiten 151–155; Herausgeber: Grete Klingenstein. Graz
1984 Documentazione di particolari strutture della Carinzia. in: Un Laboratorio per i Centri Storici, Herausgeber: Anna Paola Zugni-Tauro; Editoriale Programma. Padova

Hohmann-Wedeking, E.,
1966–1979 Das Archaische Griechenland. Kunst der Welt; Holle Verlag. Baden-Baden

Huber, Axel,
1982a Schlüssellochwächter und Türhüterfiguren. Die Kärntner Landsmannschaft Heft 3, Seiten 10-13. Klagenfurt
1982b Unheilabwehrende Menschenköpfe an Wirtschaftsgebäuden in Kärnten. Die Kärntner Landsmannschaft, Heft 10, Seiten 12-15. Klagenfurt
1985 Menschenköpfe auf der Dachspitze von romanischen Kirchenapsiden. Die Kärntner Landsmannschaft Heft 10, Seiten 59–64. Klagenfurt

Kammermeier, Alois,
1978 Taubenhäuser Taubenschläge. Rosenheimer Verlagshaus. Rosenheim (BRD)

Karlovšek, J.,
1927 Slovenska hisa. Ljubljana
1935 Slovenski Ornament. Zgodovinski razvoj. Ljubljana.
1937 Slovenski Ornament. Ljudski in obrtniški izdelki. Ljubljana
1939 Slovenski domovi, Ljubljana

Kobe, Jurij und Damjan Gale,
1981 Slovenija: Line z Opečno Mrežo. Poster in der Zeitschrift: glasilo drustva arhitektov ljubljana, Nr. 56/57. Ljubljana

Lasteyrie, R. de,
1929 L'Architecture Religieuse en France a l'Epoque Romane. Auguste Picard. Paris

Lloyd, Seton; Hans Wolfgang Müller; Roland Martin,
1975 Architektur der frühen Hochkulturen; Vorderasien, Ägypten, Griechenland. Belser Verlag. Stuttgart (Mailand 1972)

Makarovič, Gorazd,
1981 Slovenska Ljudska Umetnost. Drzavna Zalozba Slovenije. Ljubljana

Malallah bin Ali, bin Habib,
1982/1986 Outline of the History of Oman.

Mango, Cyril,
1975 Byzantinische Architektur. Weltgeschichte der Architektur, Herausgeber: Pier Luigi Nervi; Belser Verlag. Stuttgart

Mansuelli, Guido,
1963/1979 Etrurien und die Anfänge Roms. Kunst der Welt; Holle Verlag. Baden-Baden

Merisio, Pepi und Wolftraud de Concini,
1977 Apulien. Atlantis Verlag. Zürich und Freiburg im Breisgau

Möbius, Friedrich und Helga; Klaus G. Beyer,
1974 Bauornament im Mittelalter, Symbol und Bedeutung. Union Verlag (VOB) und Edition Tusch. Berlin, Wien

Moser, Oskar,
1974 Das Bauernhaus und seine landschaftliche und historische Entwicklung in Kärnten. Verlag des Landesmuseums für Kärnten. Klagenfurt

Naumann, Rudolf,
1971 Architektur Kleinasiens von ihren Anfängen bis zum Ende der hethitischen Zeit. Verlag Ernst Wasmuth. Tübingen

Neuwirth, Holger,
1974 Anonymes Bauen in Nord- und Mittelpersien. Bauforum 44, 7. Jahrgang 1974, Seiten 26–32. Wien

Nickel, Heinrich L.,
1981 Osteuropäische Baukunst des Mittelalters. Du Mont Buchverlag. Köln

Payne, Humfry,
1940/1962 Perachora Bd. 1–2

Pellegrini, Giacomo, Corna et alt.,
1979 Case Contadine. Touring Club Italiano (Editor). Milano

Penkner, Gerd,
1982 Kärntner Ziegelgitter. Die Brücke, Kärntner Kulturzeitschrift, Nr. 3/1982, Seiten 19–23. Klagenfurt

Pöttler, Viktor H. und A. M. Begsteiger,
1982 Volksarchitektur der Oststeiermark. Gleisdorf

Prasch, Helmut,
1974 Vom Lurnfeld zum Tiroler Tor; Volksleben zwischen Teurnia und Aguntum. Bezirksheimatmuseum Spittal a. d. Drau

Rudofsky, Bernard,
1977 The Prodigious Builders. Harcourt Brace Jovanovich. New York/London

Scholz, Piotr,
1984 Auf den Spuren der äthiopischen Vergangenheit zwischen dem Niltal und Arabia Felix. Antike Welt Nr. 3 1984, 15. Jahrgang, Seiten 3–34. Feldmeilen, CH

Süßenbach, Uwe,
1981 Die Stadtmauer des römischen Köln. Greven Verlag Köln, Köln

Vilfan, Sergij,
1970 Kmečka hiša, Franjo Baš Gospodarska poslopja. Gospodarska in družbena zgodovina Slovencev, Zgodovina agrarnih panog I/Ljubljana SAZU. Ljubljana

Vischer, Georg Matthaeus,
1681 Topagraphia Ducatus Stiriae. Herausgeber des Nachdrucks 1975: Leopold Schuller; Akademische Druck- u. Verlagsanstalt, Graz

Winning, Hasso von,
1985 Two Maya Monuments in Yucatán. Southwest Museum, Anniversary Publication Fund, Volume XII. Los Angeles, California

Wohlfahrt, Eberhard,
1980 Die Arabische Halbinsel, Länder zwischen Rotem Meer und Persischem Golf. Safari bei Ullstein. Berlin, Frankfurt a. Main, Wien

Wright, G. R. H.,
1985 Ancient Building in South Syria an Palestine. Handbuch der Orientalistik I, 2 (Alter Vorderer Orient) B-Vorderasien, Lief. 3 Leiden, Köln

Βρεττάκος, Κώστας; Ἐμμανουέλα ντε Νόρα,
1982 Ἡ Λατρεία Τῶν Περιστεριῶν. Tria Phylla. Athen

Φλωράκης, Αλέκος Ε.,
1980 Ἡ λαϊκή λιθογλυπτική τῆς Τήνου. Β'ἔκδοση συμπληρωμένη. Athen

DANK DES AUTORS

Es liegt in der Natur einer solchen Arbeit, bei der noch dazu der Gegenstand der Untersuchung in drei Sprachgebieten gelegen ist, daß man nicht oder nur sehr schwer ohne Hilfe anderer die Arbeit bewältigen kann. So ist es mir eine Freude, mich für so viel Hilfsbereitschaft, die mir von allen Beteiligten entgegengebracht wurde, bedanken zu können.
In Deutschland danke ich Herrn B. Hruda, München, für seine Literaturhinweise, Alois Kammermeier, München, für Material über den Taubenturm von Varengeville und Wilderich Graf von und zu Bodman für die Unterlagen über die alte, zum Schloß gehörige Weinpresse, den „Weintorkel" von Bodman am Bodensee.
Aus Italien erhielt ich vor allem von Laura Colledan aus Udine und über sie auch von Silvano Bertossi aus Palmanova wertvolle Hinweise, besonders bezüglich der Bezeichnungen von Ziegelgittern in dieser Region. Weiters will ich Monica Martignon und Gloria Correggiari von der Biblioteca Centrale Ist. Univ. Architettura in Venezia für Ihre Hilfe bei der Auffindung von einschlägiger Literatur danken.
In Jugoslawien waren mir Dušan Moškon, Iva Curk und Marijan Kolarič (alle Ljubljana) vor allem bei der Auffindung von Bezeichnungen für Ziegelgitter in Slowenien behilflich, wofür ich herzlich danke. Besonderer Dank kommt Jurij Kobe und seinem Kollegen Damjan Gale (beide Ljubljana) zu, die mir Aufnahmen von sehr schönen Ziegelgitterbeispielen für die Arbeit zur Verfügung stellten. Matjaz Bertoncelj (Maribor) danke ich für seine Vermittlungen.
Zu danken habe ich Adele Drexler aus Wien, die mir umfangreiche Unterlagen über Ziegelgitter in China, Rumänien und Teilen der Steiermark vermittelte.

In Österreich gilt darüberhinaus mein Dank sehr herzlich folgenden Damen und Herren für Hinweise, Material und andere Art von Hilfestellung: Wilfrid Allinger-Csollich, Günter Brucher, Axel Huber, Alois Kohlweg, Walter Laggner, Oskar Moser, Hermann Pichler, Harry Stuhlhofer und Helga Trenkwalder-Piesl.
Zu danken habe ich auch Josef Krainer in seiner Funktion als Landeshauptmann. Ohne seine verständnisvolle und großzügige Förderung hätte das Buchprojekt in dieser Form nicht realisiert werden können.
Ganz besonders herzlich danken möchte ich aber abschließend Annegrete H.-Vogrin; sie war mir eine große Hilfe bei vielen mit diesem Buch zusammenhängenden Arbeiten.

Hasso Hohmann

ABBILDUNGSNACHWEIS

Möglichst genaue Ortsangaben der wiedergegebenen Objekte sollen ihr Auffinden erleichtern. Nicht immer war es jedoch möglich, eine genaue Adresse zu erfahren.

Die Zeichnungen und Fotos dieses Buches stammen nicht ausschließlich vom Autor, wie jene in der Arbeit von 1975; so sind den Ortsangaben jeweils die Initialen des Bildautors und das Jahr der Entstehung des Bildes angefügt.

Die Abkürzungen haben folgende Bedeutung:

S. A. = Stefan Amsüss
G. B. = Günter Brucher
W. B. = Wolfgang Buchner
A. D. = Adele Drexler
D. G. = Damjan Gale
H. H. = Hasso Hohmann
R. H. = Rudolf Hohmann
A. Ka. = Alois Kammermeier
A. Ko. = Alois Kohlweg
E. M. = E. Müller
H. P. = Hermann Pichler
G. V. = Georg Matthäus Vischer
erb. = erbaut
vlg. = Vulgo-Name

Die Reihenfolge bei vollständiger Ortsangabe ist folgende:
Abbildungsnummer, Staat, Region, Ort, Straße, Hausnummer, Vulgo-Name, Name des Eigentümers, Jahr der Errichtung (Abbildungsautor, Jahr der zeichnerischen oder fotografischen Erfassung). Beim Fototeil zum „Alpen-Adria-Raum" werden die Staaten bzw. Regionen vor die jeweilige Abbildungsgruppe gestellt.

TEXTABBILDUNGEN

1 México, Yucatán, Acancéh, klassisches Maya-Zentrum (H. H., 1986)
2 Mesopotamien (Camesasca 1971:403) (H. H., 1986)
3 Südarabien, Hureda, (Helfritz 1936:64f, Abb. unten) (H. H., 1986)
4 Türkei, Van, ca. 900–600 v. Chr. (H. H., 1986)
5 Türkei, Van, ca. 900–600 v. Chr. (H. H., 1986)
6 Österreich, Steiermark, bei Hartberg, Schloß Untermaierhofen (Vischer 1681:Abb. 259) (G. V. ?)
7 Österreich, Steiermark, Brunn bei Laßnitzhöhe, Nr. 19, vlg. Schemmerl (H. H., 1974)
8 Griechenland, Tinos, 1,3 km westlich von der Ortschaft Kionia bei panagia (H. H., 1985)
9 Italien, Bologna, Via Santo Stefano, Kirche S. Stefano (Bandmann 1949:153) (R. H., 1949)
10 Italien, Poebene (H. H., 1986)
11 Italien, Friaul (H. H., 1986)
12 Italien, Friaul (H. H., 1986)
13 Jugoslawien, Slowenien (H. H., 1986)
14 Jugoslawien, Slowenien (H. H., 1986)
15 Jugoslawien, Slowenien (H. H., 1986)
16 Jugoslawien, Slowenien (H. H., 1986)

17 Jugoslawien, Slowenien (H. H., 1986)
18 Österreich, Kärnten (H. H., 1986)
19 Österreich, Kärnten (H. H., 1986)
20 Österreich, Steiermark (H. H., 1986)
21 Österreich, Steiermark (H. H., 1986)
22 Karte mit den Regionen des Alpen-Adria-Raumes und den Orten, aus denen die Abbildungen stammen (H. H., 1987)

FOTOGRAFISCHE BEISPIELE AUS ALLER WELT

23 Peru, bei Trujillo, Chanchan, präkolumbische Stadtanlage (H. H., 1970)
24 China, Yangshou, am Ortsrand (A. D., 1987)
25 China, Hua Qing, bei Xian (A. D., 1987)
26 China, Guilin (A. D., 1987)
27 Iran, Kirman, Masjid-i Malik (H. H., 1973)
28 Iran, Bam (H. H., 1973)
29 Marokko, bei Zagora (H. H., 1987)
30 Marokko, Ait Benhaddou (H. H., 1987)
31 Marokko, Quarzazate, Palast des Glaoui (H. H., 1987)
32 Marokko, Ait Benhaddou (H. H., 1987)
33 Marokko, Ichegue (H. H., 1987)
34 Marokko, Skoura, 42 km östlich von Quarzazate (H. H., 1987)
35 Rumänien, Siebenbürgen, Lacu Roşu (A. D., 1974)
36 Deutschland, Baden-Württemberg, Bodman, Schloß Bodman, Torkel (E. M., Bodman)
37 Italien, Palestrina bei Rom, Tempel der Fortuna Primigenia im ehemaligen Praeneste, 1. Jhdt. v. Chr. (H. H., 1983)
38 Griechenland, Tinos, nordöstlich von Kato Klisma (H. H., 1981)
39 Frankreich, Dept. Seine-Maritime, Varengeville (A. K., 1978:85)
40 Griechenland, Tinos, bei Smardaki (H. H., 1976)
41 Griechenland, Tinos, bei Smardaki (H. H., 1985)
42 Griechenland, Tinos, Tarampadhos (H. H., 1976)
43 Griechenland, Tinos, Tarampadhos (H. H., 1985)
44 Griechenland, Tinos, Tarampadhos (H. H., 1976)
45 Griechenland, Tinos, Agapi (H. H., 1985)
46 Italien, Venedig, San Marco (H. H., 1986)
47 Italien, Apulien, Troia, Dom S. M. Assunta (G. B., 1985)
48 Deutschland, Nordrhein-Westfalen, Köln, Turm der römischen Stadtmauer, ca. 50 n. Chr. (H. H., 1984)
49 Deutschland, Nordrhein-Westfalen, Köln (H. H., 1984)
50 Österreich, Kärnten, Diex, Gotschmar (A. Ko., 1985)
51 Jugoslawien, Slowenien, Motnik (H. H., 1985)
52 Italien, Südtirol, Glurns, Stallscheune gegenüber von Haus Nr. 5 (H. H., 1987)

ROSETTEN IM ALPEN-ADRIA-RAUM

53 Österreich, Steiermark, Vasoldsberg, Nr. 163 (H. H., 1974)
54 Österreich, Kärnten, Pirkdorf (H. H., 1986)
55 Jugoslawien, Slowenien, Skofja Vas, Nr. 29A (H. H., 1986)
56 Jugoslawien, Slowenien, Novo Tepanje, Nr. 11A (H. H., 1986)
57 Jugoslawien, Slowenien, ZG. Polskava, gegenüber von ZG. Polskava Nr. 49 (H. H., 1986)
58 Österreich, Kärnten, Wolfsberg, Grazerstraße 4, 1879 (H. H., 1986)
59 Jugoslawien, Slowenien, ZG. Polskava, gegenüber von ZG. Polskava Nr. 49 (H. H., 1986)
60 Italien, Friaul, San Daniele, östlich der Stadt, südlich der Hauptstraße Nr. 463 (H. H., 1984)
61 Österreich, Kärnten, Hüttenberg (H. H., 1984)
62 Jugoslawien, Slowenien, Jurski Vrh, Nr. 21, bei Langegg (H. H., 1986)
63 Österreich, Steiermark, Leutschach (H. H., 1986)
64 Jugoslawien, Slowenien, Skofja Vas, Nr. 6 (H. H., 1986)
65 Österreich, Kärnten, Lölling-Graben, am Ostende des Ortes (H. H., 1984)
66 Osterreich, Kärnten, Wabelsdorf, nördl. der Straße zw. Klagenfurt und Völkermarkt (H. H., 1985)
67 Österreich, Kärnten, Ottmanach, Nr. 37, vlg. Kuess (H. H., 1984)
68 Österreich, Kärnten, Heft, 1857 (H. H., 1984)
69 Jugoslawien, Slowenien, Maribor (H. H., 1985)
70 Jugoslawien, Slowenien, Vojnik, Celjska Cesta 32 (H. H., 1985)
71 Jugoslawien, Slowenien, bei Lenart, Cmureška Cesta, Nr. 9 (H. H., 1985)
72 Österreich, Steiermark, Leutschach (H. H., 1986)
73 Jugoslawien, Slowenien, Gočova, Nr. 21 (H. H., 1986)
74 Österreich, Kärnten, Wieting, am Südende des Ortes (H. H., 1986)
75 Österreich, Kärnten, Heiligenstadt (H. H., 1986)
76 Österreich, Kärnten, Niederosterwitz (H. H., 1986)
77 Jugoslawien, Kroatien, Karlovac (H. H., 1986)
78 Österreich, Kärnten, Wolfsberg, Grazerstraße 4, 1879 (H. H., 1986)
79 Jugoslawien, Slowenien, SV. Ana v. Slov., Goricah, Nr. 24 (H. H., 1986)
80 Jugoslawien, Slowenien, Smartno v. Tuhinju, Nr. 29 (H. H., 1986)
81 Österreich, Kärnten, Völkermarkt, Klagenfurterstraße 4 (H. H., 1986)
82 Österreich, Kärnten, Hundsdorf (H. H., 1986)
83 Österreich, Kärnten, Gonowetz (H. H., 1986)
84 Österreich, Kärnten, Ebersdorf, Kreuzberglweg 12 (H. H., 1986)
85 Österreich, Kärnten, Ottmanach, Nr. 1, Schloß Ottmanach (H. H., 1984)
86 Jugoslawien, Slowenien, Smartno v. Tuhinju, Nr. 29 (H. H., 1985)

FOTOGRAFISCHE BEISPIELE AUS ITALIEN

87 Friaul, bei San Daniele, Richtung S. Tommaso, südöstl. der Hauptstraße, Nr. 463, 1867 (H. H., 1984)

INNSBRUCK
SÜDTIROL
OST-
TIROL
LIENZ
KÄRNT
GLURNS 52
BOZEN
FRIAUL
TRENTINO
TRENTO
SAN DANIEL
100.101 CARPACCO
VARMO 103
PORTOGRUARO
VENETIEN
102 TORCELLO
VENEZIA 46
MONTAGNANA 106
ADRIA
FERRARA
111
110
GAIBANELLA 105.106
S.NICOLO 108.109
104 BAGNACAVALLO
RAVENNA

Abb. 22:
Standorte aller im Abbildungsteil bzw. im Textteil dokumentierter Objekte. Die Nummern stimmen mit den Abbildungsnummern überein. Die Karte soll das Auffinden auch weniger bekannter Orte erleichtern und eine Übersicht über alle aus einem Gebiet dokumentierten Objekte geben.

88 Friaul, bei San Daniele, Nr. 463, 1867 (H. H., 1984)
89 Friaul, bei San Daniele, Nr. 463, 1867 (H. H., 1984)
90 Friaul, bei San Daniele, Nr. 463, 1867 (H. H., 1984)
91 Friaul, bei San Daniele, Nr. 463, 1867 (H. H., 1984)
92 Friaul, Pontebba, Via Roma 38/40 (H. H., 1985)
93 Friaul, Pontebba, Via Roma 38/40 (H. H., 1985)
94 Friaul, Pontebba, am südöstlichen Rand des Städtchens neben dem Fella-Fluß (H. H., 1985)
95 Friaul, Pontebba, neben dem Fella-Fluß (H. H., 1985)
96 Friaul, Fagagna, an der Nordwestausfahrt (H. H., 1985)
97 Friaul, Fagagna, an der Nordwestausfahrt (H. H., 1985)
98 Friaul, Fagagna, an der Nordwestausfahrt (H. H., 1985)
99 Friaul, Fagagna, an der Nordwestausfahrt (H. H., 1985)
100 Friaul, Carpacco, westlich der Hauptstraße gelegenes Wirtschaftsgebäude (H. H., 1985)
101 Friaul, Carpacco, westlich der Hauptstraße (H. H., 1985)
102 Venetien, Tórcello (H. H., 1985)
103 Friaul, Varmo (bei Portogruaro), gegenüber von Haus Nr. 18 (H. H., 1984)
104 Emilia-Romagna, Bagnacavallo, (rechts neben der Straße nach Cotignola) (H. H., 1984)
105 Emilia-Romagna, Gaibanella, Voghiera, Nr. 6 (H. H., 1984)
106 Venetien, Montagnana (H. H., 1984)
107 Emilia-Romagna, Gaibanella, Voghiera, Nr. 6 (H. H., 1984)
108 Emilia-Romagna, S. Nicolo (bei Ferrara), Nr. 160 (H. H., 1984)
109 Emilia-Romagna, S. Nicolo (bei Ferrara), Nr. 160 (H. H., 1984)
110 Emilia-Romagna, Ferrara, Straße nach Argenta, Nr. 257 (H. H., 1984)
111 Emilia-Romagna, Ferrara, (nahe der Befestigungsmauer, an der südwestl. Umfahrung, Straße Nr. 16) (H. H., 1984)

FOTOGRAFISCHE BEISPIELE AUS JUGOSLAWIEN

112 Slowenien, Gočova, Nr. 21 (H. H., 1985)
113 Slowenien, Gočova, Nr. 21 (H. H., 1985)
114 Slowenien, Gočava, Nr. 7, ca. 1832 (H. H., 1985)
115 Slowenien, Gočava, Nr. 14 (H. H., 1985)
116 Slowenien, Zgornja Sčavnica, Nr. 66, Ludwig Urbanič (H. H., 1985)
117 Slowenien, ca. 2,5 km nördlich von Lenart, östlich der Straße (H. H., 1985)
118 Slowenien, Apače, Nr. 12, 1863 (H. H., 1985)
119 Slowenien, bei Lenart, Cmureška Cesta, Nr. 32 (H. H., 1985)
120 Slowenien, Jurski Vrh, Nr. 21 (H. H., 1985)
121 Slowenien, Jurski Vrh, Nr. 21 (H. H., 1985)
122 Slowenien, Sv. Ana v. Slov. Goricah, Nr. 24 (H. H., 1985)
123 Slowenien, Zg. Kungota, Nr. 6, Gasthaus (H. H., 1985)

124 Slowenien, Apače, Nr. 26 (H. H., 1985)
125 Slowenien, Lutverci, Nr. 55 (H. H., 1985)
126 Slowenien, Polička Vas (H. H., 1985)
127 Slowenien, Dobrnež, Nr. 8 (H. H., 1985)
128 Slowenien, bei Lenart, ca. 2 km nördlich (H. H., 1985)
129 Slowenien, Gočova, Nr. 7, 1832? (H. H., 1985)
130 Slowenien, bei Dol (H. H., 1985)
131 Slowenien, bei Biš, Nr. 26 (H. H., 1985)
132 Slowenien, Biš, Nr. 39 (H. H., 1985)
133 Slowenien, Gočova, Nr. 7, 1832? (H. H., 1985)
134 Slowenien, Zgornja Sčavnica, Nr. 59 (H. H., 1985)
135 Slowenien, Vrhole Fri Slovenskih Konjicah, Nr. 15 (H. H., 1985)
136 Slowenien, Vrhole Fri Slovenskih Konjicah, Nr. 15 (H. H., 1985)
137 Slowenien, bei Lenart, Cmureška Cesta, Nr. 9 (H. H., 1985)
138 Slowenien, Trnovska Vas, Nr. 41, neben Kirche (H. H., 1985)
139 Slowcnicn, Gočova, Nr. 12 (H. H., 1985)
140 Slowenien, Dol. Logatec, bei Postojna (H. H., 1985)
141 Slowenien, Spodnje Grušovje, Nr. 4, Vivod Stanko (H. H., 1985)
142 Slowenien, Spodnje Grušovje, 1972 (H. H., 1985)
143 Slowenien, Slov. Konjice, Liptovska Cesta, Nr. 45 (H. H., 1985)
144 Slowenien, kleine Mühle in engem Tal am Bach südlich der Straße zwischen Stranice und Globoče
145 Slowenien, Škofja Vas, Nr. 29A (H. H., 1985)
146 Slowenien, Škofja Vas, Nr. 6 (H. H., 1985)
147 Slowenien, Preloge, Nr. 13 (H. H., 1985)
148 Slowenien, Dobrnež (H. H., 1985)
149 Slowenien, Novo Tepanje, Nr. 11A (H. H., 1985)
150 Slowenien, Hruševo (D. G., 1981)
151 SlOwenien, Hruševo (D. G., 1981)
152 Slowenien, Žabnica, bei Škofja Loka (D. G., 1981)
153 Slowenien, Bukovica (D. G., 1981)
154 Slowenien, Bukovica (D. G., 1981)
155 Slowenien, Žabnica, bei Škofja Loka (D. G., 1981)
156 Slowenien, Selca (D. G., 1981)
157 Slowenien, Selca (D. G., 1981)
158 Slowenien, Zgornje Hotič (D. G., 1981)
159 Slowenien, Zgornje Hotič (D. G., 1981)
160 Slowenien, Preloge, Nr. 12 (H. H., 1985)
161 Slowenien, Vojnik, Celjska Cesta (H. H., 1985)
162 Slowenien, Tepanje, Nr. 5 (H. H., 1985)
163 Slowenien, Loke v. Tuhinju, Nr. 11 (H. H., 1985)

164 Slowenien, Lahovče, Nr. 62 (H. H., 1985)
165 Slowenien, östlich von Kaplja, Nr. 52, 1887 (H. H., 1985)
166 Slowenien, Novo Tepanje, Nr. 16 (H. H., 1985)
167 Slowenien, Smartno v. Tuhinju, Nr. 29 (H. H., 1985)
168 Slowenien, Smartno v. Tuhinju, Nr. 29 (H. H., 1985)
169 Slowenien, Smartno v. Tuhinju, Nr. 29 (H. H., 1985)
170 Slowenien, Tepanje, Nr. 4 (H. H., 1985)

FOTOGRAFISCHE BEISPIELE AUS ÖSTERREICH

171 St. Stefan bei Haimburg (H. H., 1984)
172 Führholz, bei Völkermarkt (H. H., 1984)
173 Ottmanach, Nr. 37, vlg. Kuess, 1889 (H. H., 1984)
174 Wieting (H. H., 1984)
175 Arnoldstein, Gasthof Michor (H. H., 1984)
176 Karnburg, Nr. 25, Gasthaus Kogelnig, 1879 (H. H., 1984)
177 Karnburg, Nr. 25, Gasthaus Kogelnig, 1879 (H. H., 1984)
178 bei Wabelsdorf, nördlich der Straße zwischen Klagenfurt und Völkermarkt (H. H., 1985)
179 bei Wabelsdorf, 1878 (H. H., 1985)
180 bei Wabelsdorf, 1878 (H. H., 1985)
181 bei Wabelsdorf, 1878 (H. H., 1985)
182 bei Wabelsdorf, 1878 (H. H., 1985)
183 bei Wabelsdorf, 1878 (H. H., 1985)
184 Schwabegg (H. H., 1984)
185 Schwabegg (H. H., 1984)
186 Niederosterwitz (H. H., 1985)
187 Niederosterwitz (H. H., 1985)
188 St. Michael am Zollfeld, Pfarrhof (H. H., 1984)
189 Niederosterwitz (H. H., 1985)
190 Launsdorf bei Hochosterwitz (H. H., 1984)
191 Arnoldstein, Gasthof Michor (H. H., 1984)
192 Arnoldstein, Gasthof Michor (H. H., 1984)
193 Arnoldstein, Gasthof Michor (H. H., 1984)
194 Arnoldstein, Gasthof Michor (H. H., 1984)
195 Arnoldstein, Gasthof Michor (H. H., 1984)
196 Gösseling, bei Launsdorf, vlg. Hefter, Proprentner (H. H., 1984)
197 Glödnitz (H. P., 1985)
198 Neuhaus, bei Arnoldstein, Pfarrkirche (H. H., 1984)
199 Arnoldstein (H. H., 1984)
200 St. Donat, Gasthof Prettner (H. H., 1984)

201 St. Donat, Gasthof Prettner (H. H., 1984)
202 St. Donat, Gasthof Prettner (H. H., 1984)
203 St. Paul, Wirtschaftshof der Benediktinerabtei (H. H., 1984)
204 St. Michael am Zollfeld, Pfarrhof (H. H., 1984)
205 St. Michael am Zollfeld, Pfarrhof (H. H., 1984)
206 St. Michael am Zollfeld, Pfarrhof (H. H., 1984)
207 Völkermarkt, Spanheimergasse 4 (H. H., 1984)
208 Dürrenmoos, Nr. 5 (H. H., 1985)
209 Völkermarkt, Spanheimergasse 4 (H. H., 1984)
210 Heiligenstadt (H. H., 1984)
211 St. Michael am Zollfeld (H. H., 1984)
212 Launsdorf (H. H., 1984)
213 Wieting, etwas südlich der Ortschaft, 1877 (H. H., 1984)
214 Gonowetz (H. H., 1984)
215 Gonowetz (H. H., 1984)
216 Klagenfurt, Limmersdorf 52 (H. H., 1985)
217 Einersdorf, Nr. 5 (H. H., 1984)
218 Einersdorf, Nr. 5 (H. H., 1984)
219 Einersdorf, Nr. 5 (H. H., 1984)
220 Klagenfurt, Jantschgasse 21 (H. H., 1986)
221 Hundsdorf (H. H., 1984)
222 Maria Saal (H. H., 1984)
223 Maria Saal (H. H., 1984)
224 Reipersdorf, bei Hochosterwitz, 1893 (H. H., 1984)
225 Klagenfurt, Feldkirchenerstraße 359, Gut Schönfeld (H. H., 1984)
226 Reipersdorf, 1893 (H. H., 1984)
227 Einersdorf, südliches Ende des Dorfes (H. H., 1984)
228 St. Paul im Lavanttal, Wirtschaftsgebäude der Benediktinerabtei (H. H., 1984)
229 St. Paul im Lavanttal (H. H., 1984)
230 St. Paul im Lavanttal (H. H., 1984)
231 Lölling-Graben, östliches Ende des Dorfes (H. H., 1984)
232 Bad St. Leonhard im Lavanttal, Hauptplatz 34, R. Schloffer (H. H., 1974)
233 Lölling-Graben (H. H., 1984)
234 Ottmanach, Nr. 1, Schloß Ottmanach (H. H., 1984)
235 Ottmanach, Nr. 1, Schloß Ottmanach (H. H., 1984)
236 Schafer, bei Ottmanach, Nr. 6 (H. H., 1984)
237 Geiersdorf, bei Poggersdorf (H. H., 1985)
238 Poggersdorf (H. H., 1984)
239 Wolfsberg, Grazerstraße 4, 1879 (H. H., 1984)
240 Wolfsberg, Grazerstraße 4, 1879 (H. H., 1984)

241 Wolfsberg, Grazerstraße 4, 1879 (H. H., 1984)
242 Wolfsberg, Grazerstraße 4, 1879 (H. H., 1984)
243 Wolfsberg, Grazerstraße 4, 1879 (H. H., 1984)
244 Wolfsberg, Grazerstraße 4, 1879 (H. H., 1984)
245 Wolfsberg, Grazerstraße 4, 1879 (H. H., 1984)
246 Wolfsberg, Grazerstraße 4, 1879 (H. H., 1984)
247 Wolfsberg, Grazerstraße 4, 1879 (H. H., 1984)
248 Wolfsberg, Grazerstraße 4, 1879 (H. H., 1984)
249 Wolfsberg, Grazerstraße 4, 1879 (H. H., 1984)
250 Heft, Hochofenanlage, 1857 (H. H., 1985)
251 Hüttenberg (H. H., 1984)
252 Lölling-Graben, östlich des Zentrums, Reste eines Radwerkes (H. H., 1984)

FOTOGRAFISCHE BEISPIELE AUS ÖSTERREICH, STEIERMARK

253 Vasoldsberg, Feldscheune des Schloßes Klingenstein, Carli (H. H., 1975)
254 Vasoldsberg, Feldscheune, Gemeinde (H. H., 1987)
255 Gössendorf, Nr. 47 (H. H., 1987)
256 Gnas (W. B., 1986)
257 Gössendorf, 1890 (H. H., 1983)
258 Thondorf bei Graz (H. H., 1987)
259 Liebensdorf (H. H., 1987)
260 Breitenhilm, bei Vasoldsberg, Nr. 18 (H. H., 1987)
261 Furth, bei Stainz, Nr. 11 (H. H., 1987)
262 Gössendorf, Nr. 44 (H. H., 1975)
263 Empersdorf (H. H., 1975)
264 St. Margarethen bei Knittelfeld, Hauptstraße 5, Madlinger und Schreibmaier (H. H., 1975)
265 Großlobming bei Knittelfeld, Lobmingerstraße 23, 1867 (H. H., 1975)
266 Gössendorf, 1890 (H. H., 1987)
267 Mellach bei Graz, Volksschule, Architekt: Bruno Haas (S. A., 1985)
268 Liebensdorf, Nr. 45 (H. H., 1987)
269 Liebensdorf, Nr. 45 (H. H., 1987)
270 Liebensdorf, Nr. 46, Deschl (H. H., 1987)
271 Liebensdorf, Nr. 45 (H. H., 1987)
272 Liebensdorf, Nr. 46 (H. H., 1987)
273 Fladnitz an der Raab, Nr. 14 (H. H., 1975)
274 Nestelbach bei Graz, neben Straße nach Gleisdorf, vlg. Schwarz (H. H., 1975)
275 Großsulz bei Kalsdorf, Großsulzerstraße 22 (H. H., 1974)
276 Gössendorf, 1890 (H. H., 1987)

GITTER AUS ALLER WELT

23 – Chancan (PE)
In dieser ausgedehnten präkolumbischen Stadt bei Trujillo, an der Küste Perus, wurden Reste von Gitterwänden aus relativ großen Lehmziegeln gefunden – meist in Rautenform (s. auch Abb. 87).

24 – Yangshou (CHINA)
Ziegelgitter an einem relativ neuen Gebäude zwischen den Reisfeldern am Ortsrand.

25 – Hua Qing (CHINA)
Verschiedene Arten von Gittern in gemauerten Geländern an Treppenaufgängen eines Parks.

26 – Guilin (CHINA)
Gitter in einer Parkeinfriedung, die aus gemauerten und verputzten Ziegeln bestehen.

27 – Kirman (IR)
Minaret der Masjid-i Malik in Kirman, Iran; spätes 11. Jahrhundert. Auch hier zeigt sich deutlich der Wille zur Gestaltung im Spiel mit dem Lehm-Ziegel.

28 – Bam (IR)
Einfache Gitter aus Lehmziegeln in einer vom völligen Zerfall bedrohten, nicht mehr bewohnten iranischen Stadt in der Wüste Lut. Hier dienten die Gitter meist der Durchlüftung von Innenräumen.

29 – bei Zagora (MA)
Blendgitter in marokkanischer Lehmarchitektur.

30 – Ait Benhaddou (MA)
Wehrhafter Lehmbau in Südmarokko mit großflächigen Stampflehmwänden im unteren Bereich und einer oberen Mauerzone aus handlichen Lehmziegeln mit starker Ornamentierung und Blendgittern.

31 – Quarzazate (MA)
Palast des Glaoui mit Rillenornamenten, die den Fugen des Lehmziegelmauerwerkes folgen.

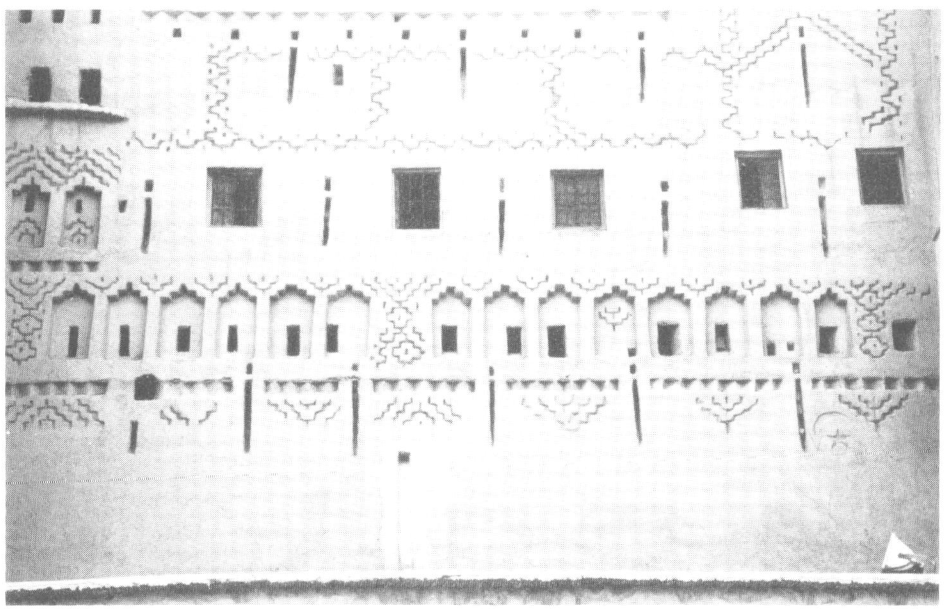

32 – Ait Benhaddou (MA)
In der Mitte des Bildes Zeilen von Mauerdurchbrechungen in Form einfacher Lehmziegelgitter zur Durchlüftung.

33 – Ichegue (MA)
Gitter aus Lehmziegeln in einem Wirtschaftsgebäude.

34 – Skoura (MA)
Eckturm einer Kasbah mit Blendgittern und Flachreliefs – stark im Verfall begriffen.

35 – Lacu Roşu (R)
Landwirtschaftliches Gebäude in Siebenbürgen mit einfachen Ziegelgittern, bei denen jeweils mehrere Öffnungen zu Rauten gruppiert sind (vergl. Abb. 124).

36 – Bodman (D)
Der alte „Torkel", auch „Weintorkel" genannt, stammt aus dem Jahre 1772 und gehört zum Schloß Bodman am Bodensee. Es handelt sich um ein relativ frühes Beispiel von Ziegelgittern – hier auch „Fensterluken" genannt (Berner 1982:10).

37 – Palestrina (I)
Detail eines römischen Mosaiks aus dem Tempel der Fortuna Primigenia im ehemaligen Praeneste aus dem 1. Jhdt. v. Chr.. Es zeigt einen Taubenschlag in Ägypten.

38 – Tinos (GR)
Dieses erst 1946 errichtete Taubenhaus nordöstlich von Kato Klisma, auf der Kykladeninsel Tinos, weist zentral eine Transenna auf, ein Architekturelement, das hier meist über Türen und Fenstern in Wohnhäusern zum Einsatz kommt.

39 – Varengeville (F)
Taubenturm des «Manoir d'Ango» in Varengeville (Dept. Seine-Maritime); er wurde zwischen 1530 und 1545 errichtet; die drei Reihen kleiner, quadratischer Löcher stellen Lüftungslöcher für den Turm dar – die Einflugöffnungen für die Tauben liegen im Dachbereich (A. Kammermeier 1978:85). Es handelt sich also um ein frühes Beispiel eines französischen Ziegelgitters.

40 – Tinos (GR)
Detail eines Taubenhauses bei Smardaki mit Blendgittern aus Naturstein, die Säulchen mit Kapitell sind ein häufig auch bei den Transennen dieser Insel verwendetes Motiv.

41 – Tinos (GR)
Taubenhaus bei Smardaki auf Tinos; die drei einzelnen Reihen quadratischer Öffnungen sind die Einfluglöcher für die Tauben; das Blendgitter bildet einen Schattenspender für das dahinterliegende Mauerwerk, das hierdurch kühl bleibt; an der Innenseite dieser Mauern liegen die Nistnischen für die Tauben.

42 – Tinos (GR)
Taubenhaus in Tarampadhos; im weniger geschmückten Bereich des Gebäudes unten drei Eingänge zu erdgeschoßigen Wirtschaftsräumen; über den Eingängen Transennen – durchbrochene, halbkreisförmige Steinplatten zur Belichtung und Belüftung dieser Räume.

43 – Tinos (GR)
Detail des alten Wohnhauses in Tarampadhos; in der Mitte die Transenne über dem mittleren Eingang, seitlich Gitter mit Motiven der benachbarten Taubenhäuser.

44 – Tinos (GR)
Wohnhaus in Tarampadhos; die Gitter zeigen als Motive Sonne, Sterne und Bäume; im Untergeschoß befinden sich die Stallungen.

45 – Tinos (GR)
Transenna in Agapi, hier in ein Taubenhaus als Einstieg für die Tauben integriert, sehr wahrscheinlich in zweiter Verwendung.

46 – Venèzia (I)
Transennen an der Westfassade von San Marco.

47 – Troia (I)
Der Dom S. M. Assunta in Troia, in Apulien – erbaut ab 1093 bis ins 13. Jhdt. – zeigt an der Westfront eine große Rosette mit sich überschneidenden Rundbögen über konzentrisch angeordneten Säulen (vergl. Abb. 171 u. 250). Die dazwischenliegenden Felder sind mit Transennen geschlossen, die deutlich Einfluß aus der islamischen Welt zeigen. Formal sind hier eine ganze Reihe von unseren Ziegelgittern vorformuliert; manche dürften selbst wieder das Abbild früher Ziegelgitter in den islamischen Herkunftsländern sein (Hohmann 1975: Abbildungen 1, 2, 3, 5).

48 – Köln (D)
Einer der Türme der römischen Stadtmauer von Köln aus der Zeit um 50 n. Chr.. Als Motiv erkennt man oben links einen Baum, wie er heute noch bei Ziegelgittern und Taubenhäusern zu finden ist, weiters Rosetten und Halbrosetten. Die gestaltete Oberfläche dieses Turmes besteht aus verschiedenfarbigen Natursteinen und aus Ziegeln, die intarsienhaft zusammengefügt sind.

49 – Köln (D)
Turm der römischen Stadtmauer; oben in der Mitte erkennt man einen stilisierten Tempel.

50 – Diex (A)
Die Wandstrukturierung läßt deutlich Unterschiede zwischen dem alten Bruchsteinmauerwerk im Stallbereich mit den darauf aufbauenden Eck- und Zwischenpfeilern und dem neuen Ziegelmauerwerk erkennen, das dazwischen und darüber bis in den Schopfwalmgiebel reicht. Das alte Mauerwerk ist typisch für Stallscheunen mit holzverschaltem Heubergeraum. In diesem Fall wurden offenbar später die Holzteile gegen Ziegelmauerwerk und Gitter ausgetauscht.

51 – Motnik (YU)
Ein Heuharpfen, wie er typisch ist für die Gegend östlich von Ljubljana; unten Durchfahrt und Unterstand für Fahrzeuge, oben der Bergeraum selbst, im Giebel eine große Halbrosette und drei Rundöffnungen mit Rosettenfüllung neben den Traufen und unter dem First. Die formale Gestaltung zeigt viele Elemente, die auch in der ländlichen Ziegelarchitektur wiederzufinden sind. Dies gilt auch für die hölzernen seitlichen Gitter des Bergeraumes.

52 – Glurns (I)
Dieses südtiroler Stadlfenster mit einer Holzvergitterung stellt ein gutes Beispiel für die Verwandtschaft zwischen Ziegel- und Holzarchitektur dar. (Siehe Abbildung 150.)

53 – Vasoldsberg (A)
Diese große Rosette existiert leider nicht mehr.

54 – Pirkdorf (A)

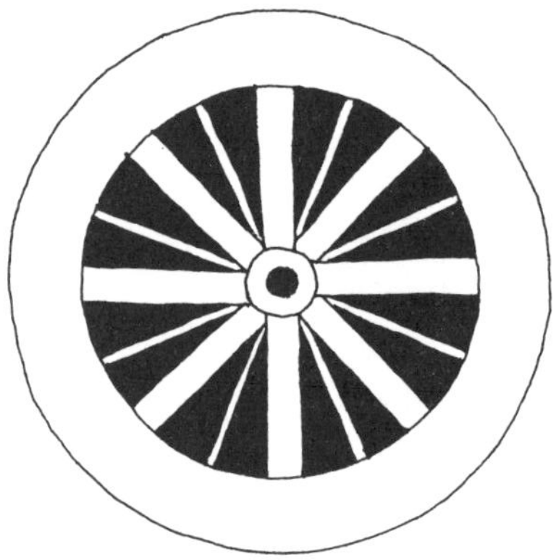

55 – Skofja Vas (YU)

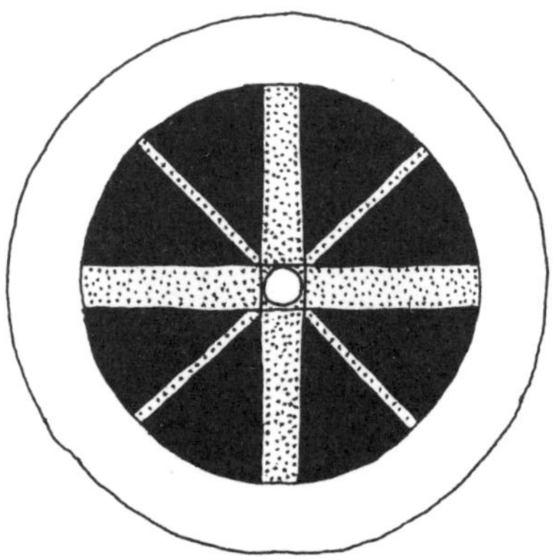

56 – Novo Tepanje (YU)

57 – ZG. Polskava (YU)

58 – Wolfsberg (A)

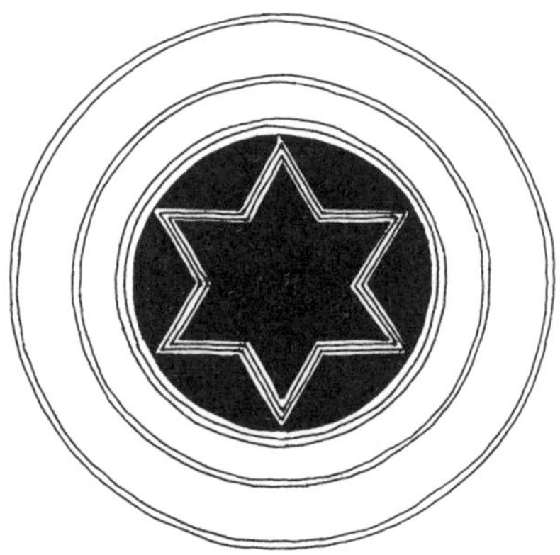

59 – ZG. Polskava (YU)

60 – San Daniele (I)

61 – Hüttenberg (A)

62 – Jurski Vrh (YU)

63 – Leutschach (A)

64 – Skofja Vas (YU)

65 – Lölling (A)

66 – bei Wabelsdorf (A)

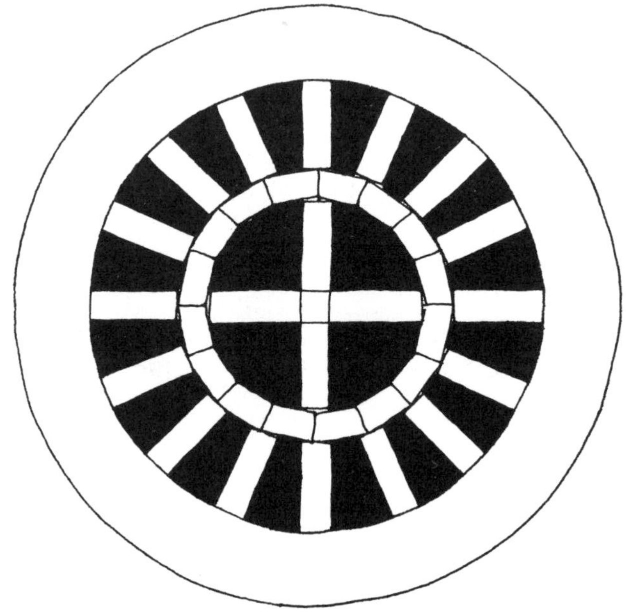

67 – Ottmanach (A)

68 – Heft (A)

69 – Maribor (YU)

70 – Vojnik (YU)

71 – bei Lenart (YU)

72 – Leutschach (A)

73 – Gočova (YU)

74 – bei Wieting (A)

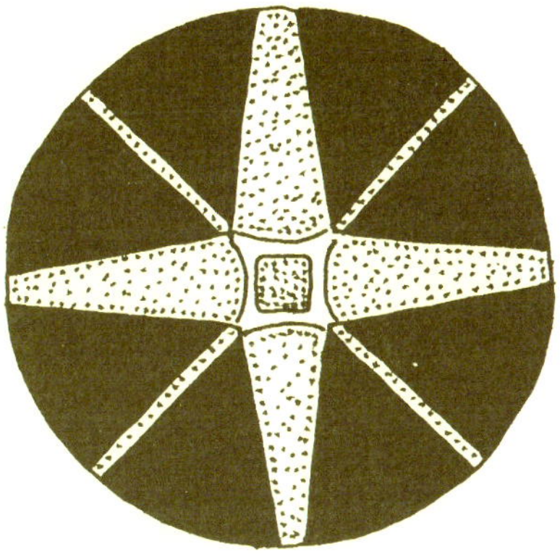

75 – Heiligenstadt (A)

76 – Niederosterwitz (A)

77 – Karlovac (YU)

78 – Wolfsberg (A)

79 – Sv. Ana v. Slov. Goricah (YU)

80 – Smartno v. Tuhinju (YU)

81 – Völkermarkt (A)

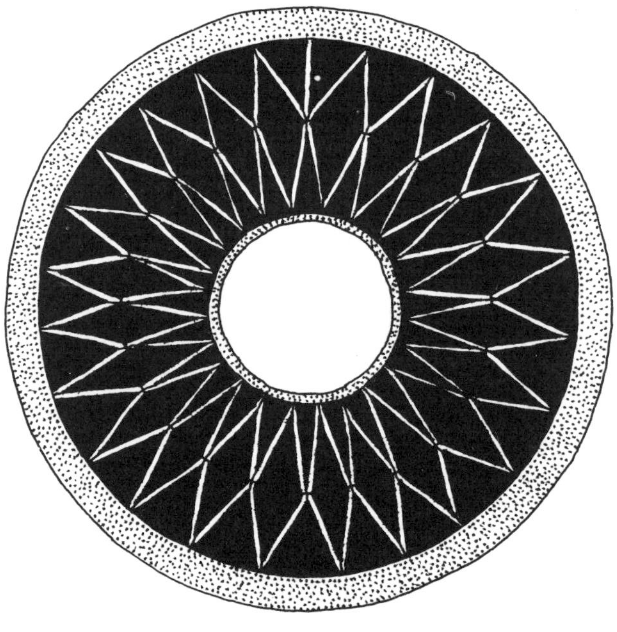

82 – Hundsdorf (A)

83 – Gonowetz (A)

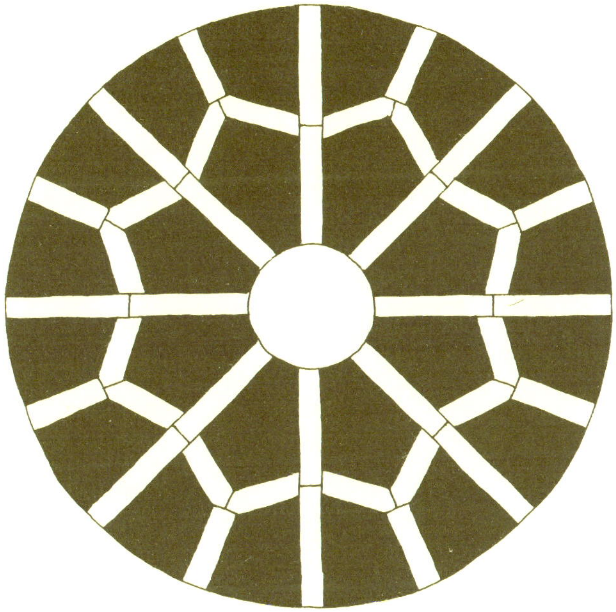

84 – Ebersdorf (A)

85 – Ottmanach (A)

86 – Smartno v. Tuhinju (YU)

FRIAUL UND VENETIEN

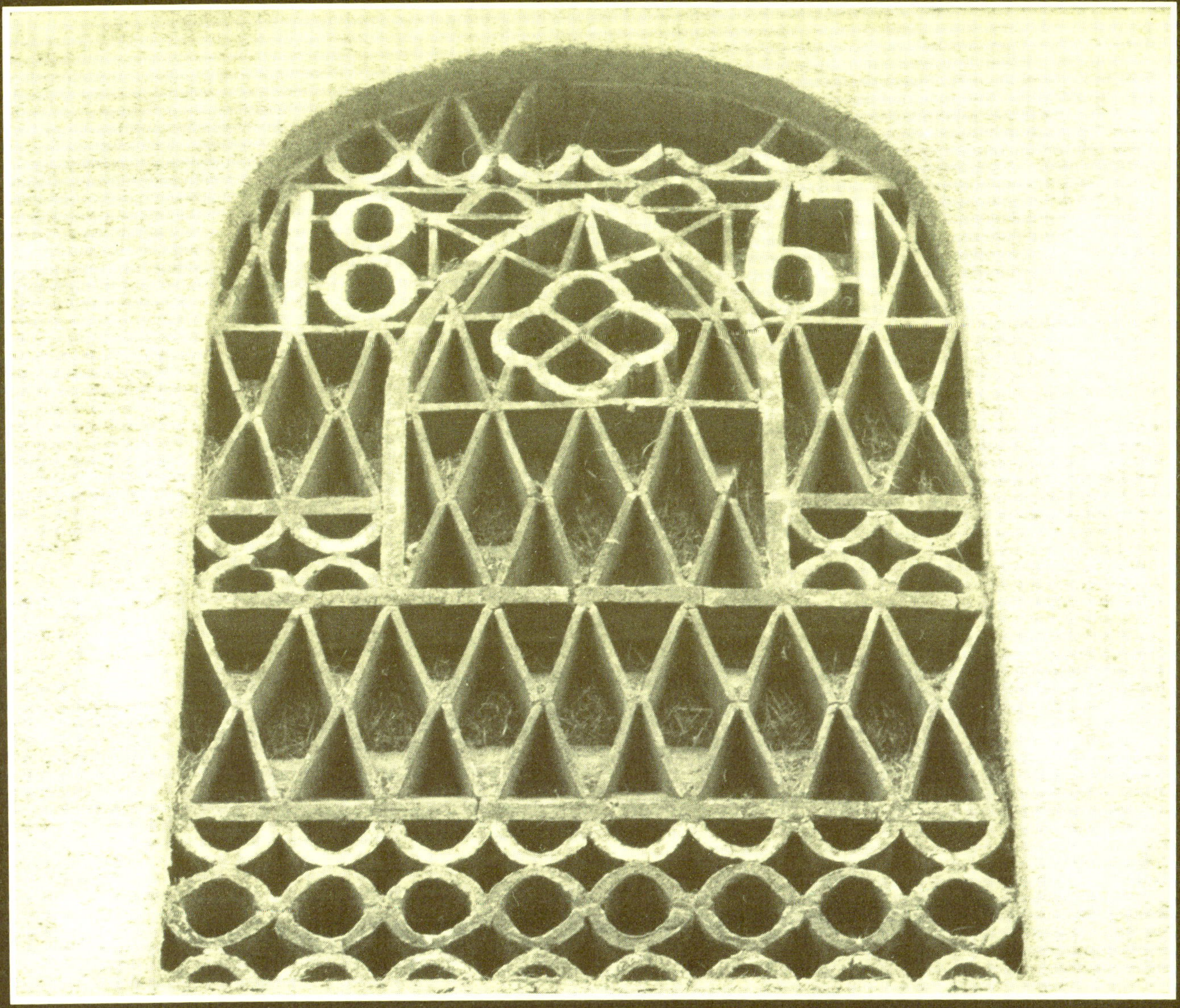

87 – bei San Daniele (I)
Die Jahreszahl 1867 gibt Auskunft über das Alter dieses Gitters.

88 – bei San Daniele (I)
Die Initialen „G. G." sind in den Gittern der Rückseite des Wirtschaftsgebäudes erhalten; es dürfte sich um die Anfangsbuchstaben des Mitbesitzers im Jahre 1867 gehandelt haben; an der Vorderseite finden sich die Initialen „G. L.", eventuell die des Eigentümers.

89 – bei San Daniele (I)
Leider sind viele der Gitter ganz oder teilweise zerstört; Geringschätzung dieser Architekturdetails durch die Eigentümer ist nahezu überall festzustellen.

90 – bei San Daniele (I)
Bemerkenswert sind die nach außen geneigten Mörtelkeile in den hochgezogenen Rauten, die das Regenwasser bei Schlagregen nach außen leiten sollen.

91 – bei San Daniele (I)
Diese Ziegelgitter liegen an der Rückseite des Wirtschaftsgebäudes und sind von der Straße aus nicht einsehbar. Sie dienen auch heute noch, wie man im Bereich der schadhaften Stellen gut erkennen kann, der Durchlüftung eingelagerten Heus.

92 – Pontebba (I)
Hier wurden für die Gitter eigens gefertigte Ziegelelemente verwendet.

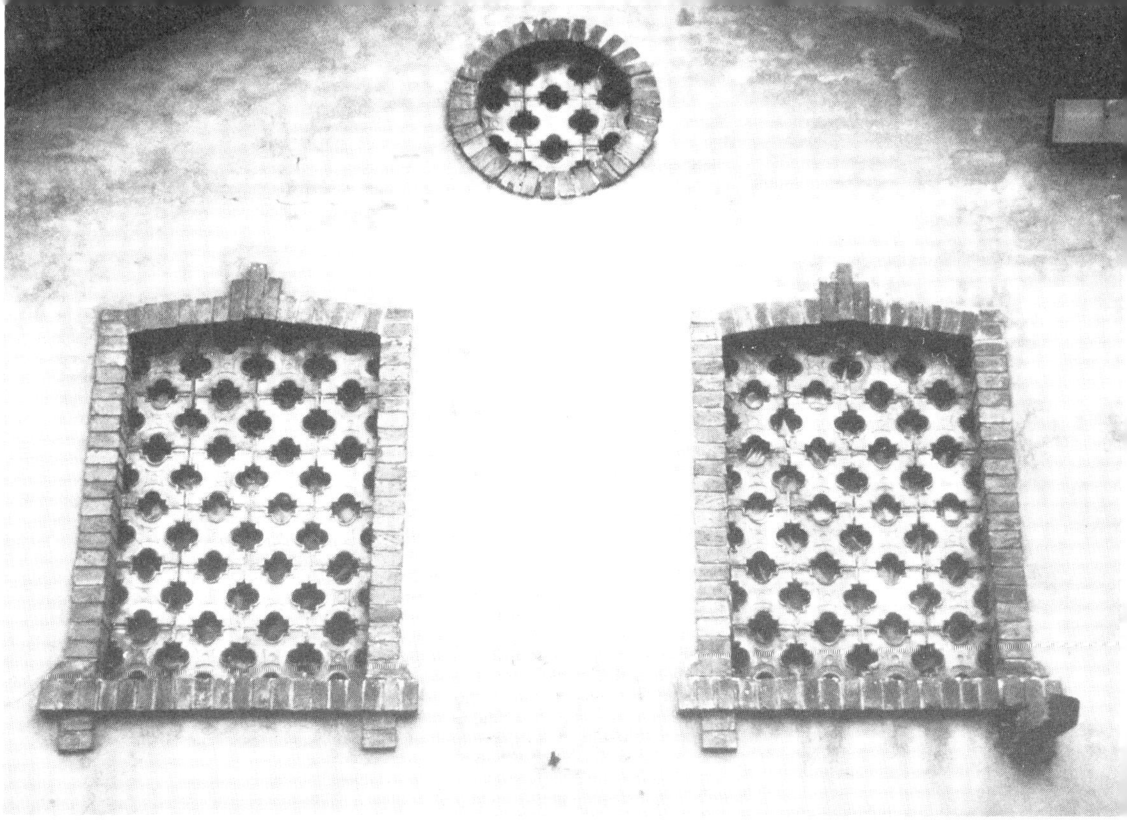

93 – Pontebba (I)
Addierbare Ziegelgitter-Fertigteile.

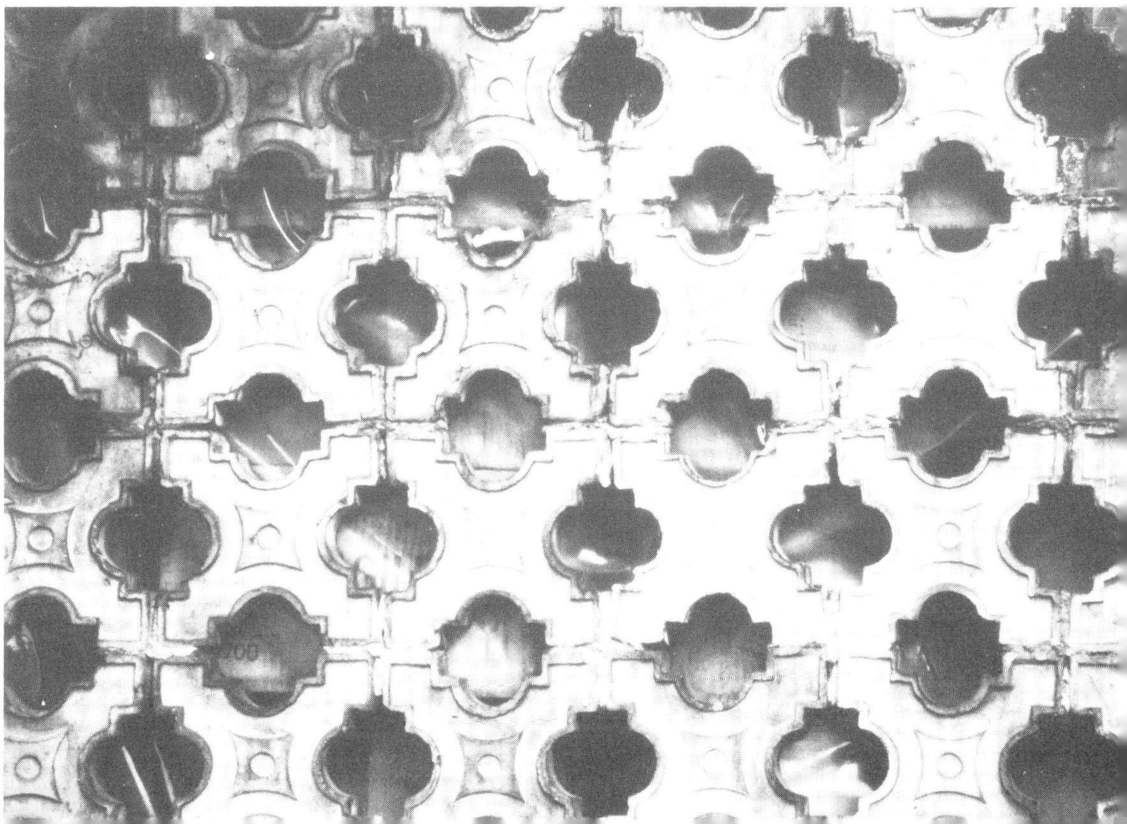

94 – Pontebba (I)
Einfache Gitterformen.

95 – Pontebba (I)

96 – Fagagna (I)
Die Gittergestaltung zeigt hier deutliche Bezüge zur Neogotik.

97 – Fagagna (I)

98 – Fagagna (I)

99 – Fagagna (I)

100 – Carpacco (I)
Die meisten der Gitter dieser Region sind durch das Erdbeben am 6. 5. 1976 zerstört worden.

101 – Carpacco (I)
Auch dieses Wirtschaftsgebäude war noch 10 Jahre nach dem Erdbeben nicht repariert. Die Gitter bestehen aus Ziegelelementen der Mönch-Nonne-Deckung.

102 – Tórcello (I)
Kreuzförmige Lüftungsöffnungen zu einem einfachen tragenden Gitter kombiniert.

103 – Varmo bei Portogruaro (I)
Diese Art von nichttragenden Gittern ist im Nordosten Italiens weit verbreitet; man findet sie auch in allen anderen hier behandelten Regionen des Alpen-Adria-Raumes.

104 – Bagnacavallo (I)
Die kreuzförmigen Öffnungen bei Lüftungsgittern sind sowohl in der Po-Ebene als auch in Kärnten sehr häufig anzutreffen; hier in einer kleinen Stallscheune mit direkt anschließendem Wohnhaus.

105 – Gaibanella (I)
In der Poebene zeugen noch riesige Feldscheunen vom ehemals großen Bedarf an Heu; heute stehen viele dieser Bauten leer und sind dem Verfall preisgegeben.

106 – Montagnana (I)
Fertigteilelemente wie diese wurden schon sehr früh im 19. Jahrhundert hergestellt und in Italien, Jugoslawien und Österreich gleichermaßen verwendet. Besonders dieser Typus war offensichtlich sehr beliebt und weit verbreitet.

107 – Gaibanella (I)
Diese Feldscheune dient auch heute noch der Lagerung von Stroh und Heu. Die eiserne Wetterfahne auf dem Dach trägt die Inschrift „MA-1892“, das Datum muß aber nicht mit dem Errichtungsjahr übereinstimmen.

108 – S. Nicolo bei Ferrara (I)
Seltener als die großen, auf zumeist quadratischem Grundriß errichteten und für die Poebene so typischen Feldscheunen, findet man in dieser Region Italiens auch langgestreckte Stallscheunen.

109 – S. Nicolo bei Ferrara (I)
Die große Einfahrt für den Heuwagen, von der aus früher das Heu auch bei feuchter Witterung im Trockenen in den Bergeraum über den Stallungen geschafft werden konnte, ist inzwischen teilweise zugemauert. Eine eingezogene Betondecke gibt zusätzlichen Lagerraum.

110 – Ferrara (I)
Eine im Zerfall begriffene Feldscheune, die nur noch als Abstellraum verwendet wird. Die Pilasteranordnung und die Gesimsausbildung geben dem Bauwerk eine imposante Gestalt.

111 – Ferrara (I)
Eine Kombination von Fertigteil-Elementen und Gittern aus kreuzförmigen Öffnungen in der Art des „Kärntner Gittertyps“ sorgt bei dieser Ziegelwerkscheune für die Durchlüftung des Gebäudeinneren.

SLOWENIEN

112 – Gočova (YU)

113 – Gočova (YU)
Das Kreuz unter dem First, die Sterne rechts und links und die Motive in den äußeren Bögen – Krone oder Dreispro߸ – sind typische Elemente der traditionellen Volkskunst. Durch die Übereinstimmung der Dachneigung mit jener der Rauten auf dem Gartenzaun findet die formale Durchgestaltung des sehr schönen Giebels bis zur Einfriedung eine sehr einfache und doch gestaltwirksame Fortsetzung.

114 – Gočova (YU)
Eine Kombination aus einfachen tragenden Gittern im Traufbereich und nichttragenden an den mittleren Bogenöffnungen.

115 – Gočova (YU)
Trotz der Anbauten ist das typische Konzept dieses Wirtschaftsgebäudes mit seitlich angeordneter großer Einfahrt deutlich erkennbar.

116 – Zgornja Ščavnica (YU)
Kombination von Gittern zur Durchlüftung mit einem kleinen Taubenschlag ganz oben unter dem First.

117 – bei Lenart (YU)
Gitter mit christlichen Motiven sind in dem Raum um Lenart besonders stark verbreitet.

118 – Apače (YU)
Dem Motiv der aufgehenden Sonne sind außen stilisierte kurze Strahlen angefügt; unterhalb der Öffnung angedeutete Schabrake, ein Motiv, das man vielfach unter Fenstern von Bauernhäusern des 19. Jahrhunderts findet.

119 – bei Lenart (YU)
Neben dem Ziegelgitter fallen andere harmonisch integrierte Zierelemente auf, wie der gegliederte Kamin oder die für diese Region typische, aus verkanteten Ziegeln gebildete Zierleiste unter dem Giebelfeld. Das Endstück der Regenrinne trägt eine streuförmige Blechrosette.

120 – Jurski Vrh (YU)
Ziegelgitter an einem Bauwerk, das eine enge Verwandtschaft mit entsprechenden Gebäuden aus dem Raum südlich von Graz aufweist, nämlich die asymmetrische Ausbildung der Dachüberstände.

121 – Jurski Vrh (YU)
Rosette am Giebel eines Hauses in der Nähe der jugoslawisch-österreichischen Grenze bei Langegg; ähnliche Rosetten findet man auch im gesamten Raum nördlich bis nach Graz.

122 – Sv. Ana v. Slov. Goricah (YU)
Ein kleines Gebäude mit Ziegelgittern, wie es typisch für diese Weingegend ist; das Gitter dient der Längsdurchlüftung des Dachraumes.

123 – ZG. Kungota (YU)
Die Ziegelgitter dieses Giebels weisen große Ähnlichkeit mit Gittern in der benachbarten Steiermark auf; eine sehr ähnliche Rosette findet sich in Niedergams (Hohmann 1975:Abb. 52), eine ähnliche mit Rundbogen abgeschlossene Lüftungsfläche in Fernitz bei Graz (Hohmann 1975:Abb. 141).

124 – Apače (YU)
An dieser Giebelwand finden sich sowohl im Erdgeschoß, als auch im Dachgeschoß Lüftungsgitter.

125 – Lutverci (YU)
Ähnliche Gitter wurden auch nördlich der Mur oft verwendet (siehe Hohmann 1975: Abbildungen 158 und 151).

126 – Polička Vas (YU)
Eine Kombination von Ziegelgitter und Taubenhaus (siehe auch Abbildung 6).

127 – Dobrnež (YU)
Der über dem niedrigen Stall angeordnete Heubergeraum wird über eine ganze Serie verschiedener Ziegelgitter unterhalb des Daches rundum belüftet. Alle Gitter sind selbsttragend.

128 – bei Lenart (YU)
Die Ähnlichkeit dieses und des folgenden Gitters ist offensichtlich; sehr unterschiedlich ist allerdings die Art der Sanierung. Durch Zumauern sind auch in Österreich viele schöne Beispiele dieser Volksbaukunst verlorengegangen.

129 – Gočova (YU)
Das zum Objekt gehörige Wohnhaus trägt die Jahreszahl 1832; die dazugehörigen Wirtschaftsgebäude sind meist ein oder zwei Jahre älter.

130 – bei Dol (YU)
Reste eines Stadels mit Ziegelgittern.

131 – Biš (YU)

132 – Biš (YU)
Renovierungsbedürftiges großes Wirtschaftsgebäude; im Bogenpaar zwei Dreisprosse, Symbol für Fruchtbarkeit.

133 – Gočova (YU)
Die Gitter in der Seitenwand sind als tragende Wandteile ausgebildet.

134 – Zgornja Sčavnica (YU)
Kombination von Ziegelgitter und Taubenhaus.

135 – Vrhole Pri Slovenskih Konjicah (YU)
Ähnliche Gitter sind aus der Obersteiermark in Wöllmersdorf bei Judenburg bekannt (Hohmann 1975: Abbildung 213).

136 – Vrhole Pri Slovenskih Konjica (YU)
Auch in Graz Stattegg trifft man auf ähnliche Gitterformen (Hohmann 1975: Abbildung 170).

137 – bei Lenart (YU)
Die Gitterflächen dieses Giebels sind als tragende Wandteile ausgebildet; gestufte Zierleisten entlang des Ortganges sind typisch für Nordjugoslawien.

138 – Trnovska Vas (YU)
Die Änderung der Dachneigung nimmt auf den bestehenden älteren Dekor keine Rücksicht. Es fielen dem Umbau die drei Nischenfelder unter dem First und auch die Proportionen des gesamten Gebäudes zum Opfer.

139 – Gočova (YU)
Wie auf vielen der Wirtschaftsgebäude im Osten Sloweniens, sitzt auch hier auf der Firstkante ein tönerner Hahn.

140 – Dol. Logatec (YU)
Ein Stadel im Stile der 2. Hälfte des 19. Jahrhunderts, ungenutzt und dem Verfall preisgegeben.

141 – Spodnje Grušovje (YU)
Ein noch im Bau befindliches Wirtschaftsgebäude mit Ziegelgittern; es werden immer noch traditionelle Motive in leicht modifizierter Form verwendet.

142 – Spodnje Grušovje (YU)
Die Gitter stammen aus dem Jahr 1972, ein Beispiel für eine lebendige Tradition.

143 – Slov. Konjice (YU)
Ein sehr ähnlich gestaltetes Gitter findet sich an einem großen landwirtschaftlichen Gebäude in Škofja Vas (siehe Abb. 146).

144 – bei Stranice (YU)
Neben einem Bach eine kleine zerfallene Mühle mit einer Gitterrosette am Giebel – in Form eines Wasserrades?

145 – Škofja Vas (YU)
Typische Anordnung nordjugoslawischer Ziegelgitter in Gitterwänden; unter dem First und neben den Traufen je eine Rosette, im mittleren Bereich symmetrisch angeordnete Gitterfelder mit Rundbogenabschlüssen.

146 – Škofja Vas (YU)
Das Gitter im Giebelfeld ist jenem aus Slov. Konjice (Abb. 143) sehr ähnlich; vielleicht waren hier die gleichen Maurer am Werk.

147 – Preloge (YU)
Hier sind die sonst üblichen drei Rosetten durch Dreieck-Gitterfelder ersetzt.

148 – Dobrnež (YU)
Die zwei Halbrosetten neben den Traufen und die Vollrosette unter dem First dürften die aufgehende, die hoch am Himmel stehende und die untergehende Sonne symbolisieren.

149 – Novo Tepanje (YU)
Die Ziegelformate und auch die anderen neuen industriell gefertigten Bauelemente in den Gittern weisen auf eine Entstehung nach 1945 hin. Die formale Ausbildung läßt Kontinuität in der Weiterentwicklung traditioneller Muster erkennen.

150 – Hruševo (YU)

151 – Hruševo (YU)

152 – Žabnica (YU)
Selbst bei diesen großen Stallscheunen findet man zum Teil die asymmetrische Anordnung des Daches.

153 – Bukovica (YU)
Die maßwerkhafte Gestaltung der quadratischen Felder hat große Ähnlichkeit mit Gittern in Kärnten (siehe Abb. 232 und Hohmann 1975: Abb. 237).

154 – Bukovica (YU)
Beim Wohnhaus ist der Raum zwischen ausgebautem Dach und Traufe durch eine Ziegelrosette belüftet.

155 – Žabnica (YU)

156 – Selca (YU)

157 – Selca (YU)
Die Gitterform innerhalb des Quadrates kommt sowohl in der Umgebung von Ljubljana als auch im nördlichen Kärnten öfter vor (siehe auch Abbildung 153).

158 – Zgornji Hotič (YU)

159 – Zgornji Hotič (YU)

160 – Preloge (YU)
Gitter mit vier Rundbogenöffnungen im Mittelbereich eines Giebels findet man selten.

161 – Vojnik (YU)
Differenzierte Gestaltung mit verschiedenen Dach- und Mauerziegeln.

162 – Tepanje (YU)
Die Jahreszahl 1931 am Giebel kann das Jahr der Errichtung, aber auch das der letzten Renovierung angeben.

163 – Loke v. Tuhinju (YU)
Der Putzrahmen um die Gitter ergibt selbst wieder einen kleineren Giebel im Giebel dieses Wirtschaftsgebäudes.

164 – Lahovče (YU)
Gut restauriertes landwirtschaftliches Gebäude.

165 – bei Kaplja (YU)
Jahreszahlen, welche wie hier in das Gitter integriert sind, geben in der Regel das Datum der Entstehung an.

166 – Novo Tepanje (YU)
Typisches Wirtschaftsgebäude im Raum Celje; charakteristisch sind die 3 kreisförmigen Öffnungen unter dem First und neben den Traufen.

167 – Smartno v. Tuhinju (YU)
In Gebieten ohne geeignete Lehmlagerstätten findet man oft Natursteinmauerwerk, bei dem nur die Lüftungsgitter in Ziegelmaterial ausgeführt sind. Bei diesem Beispiel sind ganz oben im Giebel vier Einfluglöcher für Tauben angeordnet.

168 – Smartno v. Tuhinju (YU)

169 – Smartno v. Tuhinju (YU)
Die Rosetten weisen eine gewisse Ähnlichkeit mit Beispielen aus Norditalien auf (siehe Abb. 90).

170 – Tepanje (YU)
Typische Giebelwand mit Ziegelgittern im Raum um Celje.

KÄRNTEN

171 – St. Stefan bei Haimburg (A)
Eine 1889 errichtete Stallscheune mit Spitzbogenöffnungen für die unteren Ziegelgitter, einer sonst eher bei Sakralbauten üblichen großen Rosette im Zentrum und dem Kreuz mit den Herzen Jesu und Mariä unter dem First. Die Rosette zeigt Ähnlichkeit mit den großen Fensterrosen italienischer Kathedralen (siehe Abb. 47).

172 – Führholz (bei Völkermarkt) (A)
Ein gut gepflegtes Wirtschaftsgebäude; bis auf die Firstrosette sind alle Gitter aus kreuzförmigen Öffnungen zusammengesetzt, entsprechen also dem „Kärntner Kreuztyp“.

173 – Ottmanach (A)
Eine besonders differenzierte Kombination von Ziegelgitter und Bemalung zeigt diese Fassade eines 1889 errichteten Wirtschaftsgebäudes (siehe auch Hohmann 1975: Abb. 235 und 236).

174 – Wieting (A)
Ein typisches Kärntner Wirtschaftsgebäude dieser Region. Die Ziegelgitter bestehen ausschließlich aus kreuzförmigen Öffnungen.

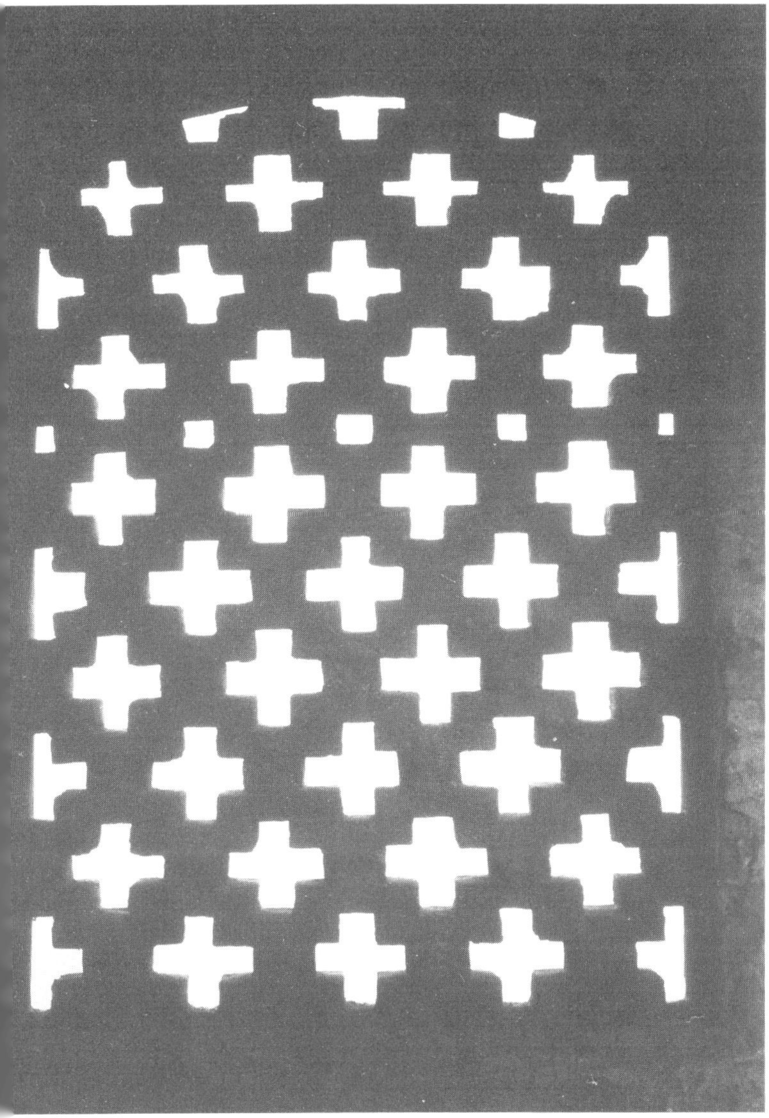

175 – Arnoldstein (A)
Nur einmal wird hier der gleichförmige Rhythmus der kreuzförmigen Öffnungen durch eine Zeile kleiner quadratischer Gitterlöcher unterbrochen.

176 – Karnburg (A)
Siehe folgende Seite.

177 – Karnburg (A)
Diese Gitter, datiert mit 1879, sind sehr ähnlich den Gittern in St. Stefan bei Haimburg und jenen bei Wabelsdorf (Abb. 171 und 178). Die Arkaden und Rundloch-Reihen der Spitzbogenfelder erinnern an Transennen (siehe Abb. 38 und 43). Ein Aquarell von Lia Larisch zeigt den Bau symmetrisch gestaltet mit einem Stalltor im Erdgeschoß und einem weiteren Gitter, wo die Einfahrt in den Bergeraum jetzt liegt (Eisner 1986:54). Der Besitzer deutete 1985 die Absicht an, den häßlichen Vorbau links abtragen zu wollen.

178 – bei Wabelsdorf (A)
Dieses Ziegelgitter ist ähnlich dem in St. Stefan (siehe Abb. 171) und dürften wohl von den gleichen Maurern ausgeführt worden sein. Die Auftraggeber waren aber offenbar nicht ident, weil die Initialen in den Gittern unterschiedlich sind, obwohl die Bauten knapp nacheinander – dieser 1878, der andere 1889 – errichtet wurden.

179 – bei Wabelsdorf (A)

180 – bei Wabelsdorf (A)
Im Stockwerk über den Stallungen wurden hier an der Westfassade rechts und links Gitter, gleich jenen an der Ostfassade nur aufgemalt. Vielleicht fürchtete man bei starkem Westwind und Regen sonst eine zu starke Durchfeuchtung des Heus.

181 – bei Wabelsdorf (A)
Die Rosette in St. Stefan bei Haimburg weist stilisierte Säulchen mit Kapitellen auf; hier ist die Form stark vereinfacht. Eine ähnliche Rosette findet man auch an der Giebelwand eines Heustadls beim Josefshof in Sagrad.

182 – bei Wabelsdorf (A)
Im Gegensatz zum Bauwerk in St. Stefan wurde hier eine differenziertere Gitterumrahmung mit Schlußstein ausgeführt.

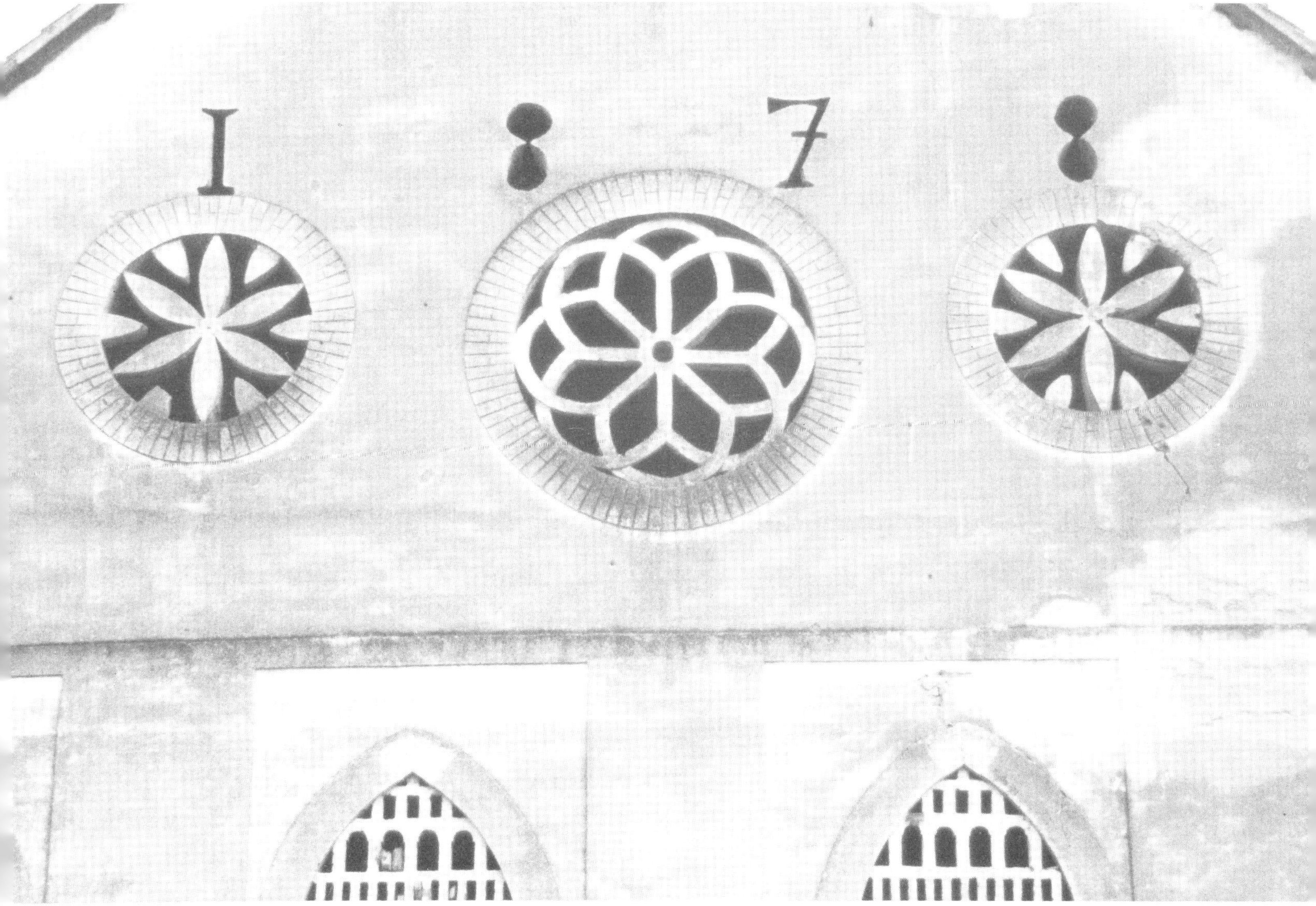

183 – bei Wabelsdorf (A)
Hier gibt die Jahreszahl sicher das Jahr der Errichtung an.

184 – Schwabegg (A)
Die leider stark beschädigten Gitter dieses Heubergeraumes bestehen zum großen Teil aus Dachziegeln.

185 – Schwabegg (A)

186 – Niederosterwitz (A)
Am Fuße der bekannten Burg Hochosterwitz liegt diese für das Zollfeld in seiner Gestaltung sehr typische Stallscheune. Die Gitter bestehen fast ausschließlich aus kreuzförmigen Öffnungen – dem „Kärntner Kreuztyp".

187 – Niederosterwitz (A)
Man erkennt gut die Erschließung der drei Ebenen des Gebäudes. Leider ist durch diverse Zu- und Umbauten der Gesamteindruck des Objektes stark beeinträchtigt.

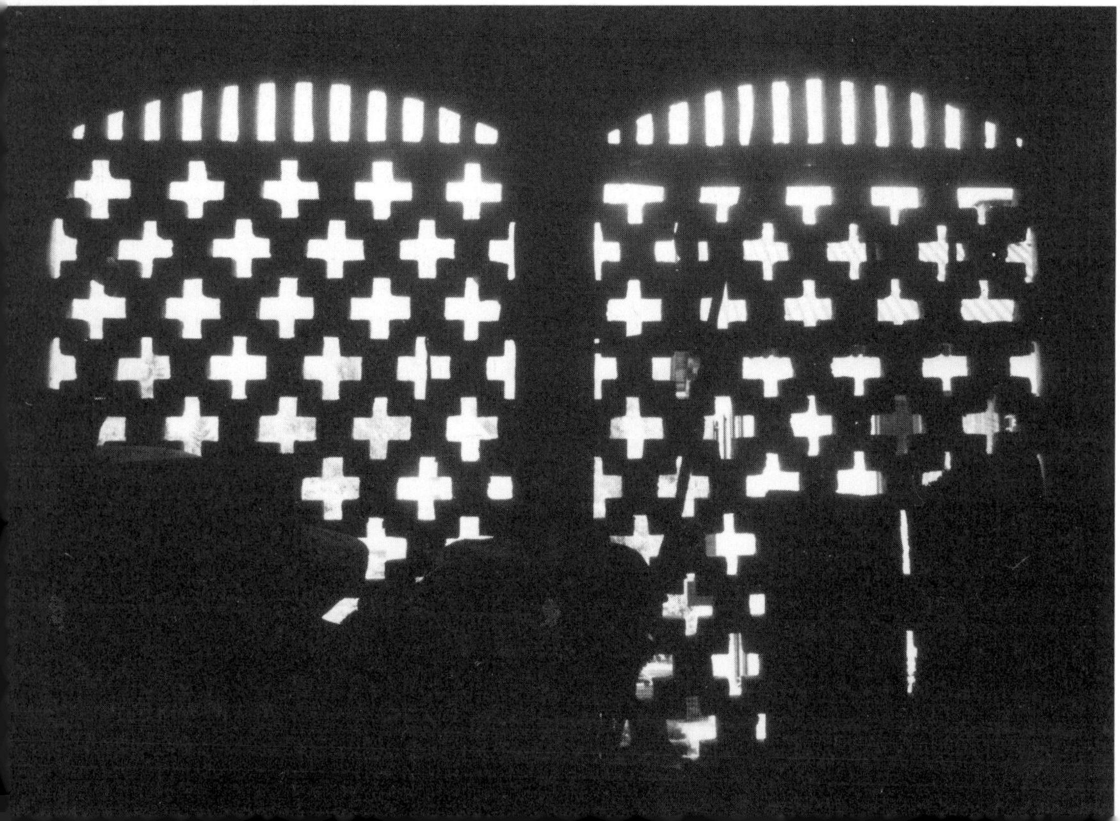

188 – St. Michael am Zollfeld (A)
Die kreuzförmigen Gitter von innen gesehen.

189 – Niederosterwitz (A)
Hier die Einfahrt ins oberste Geschoß des Heubergeraumes.

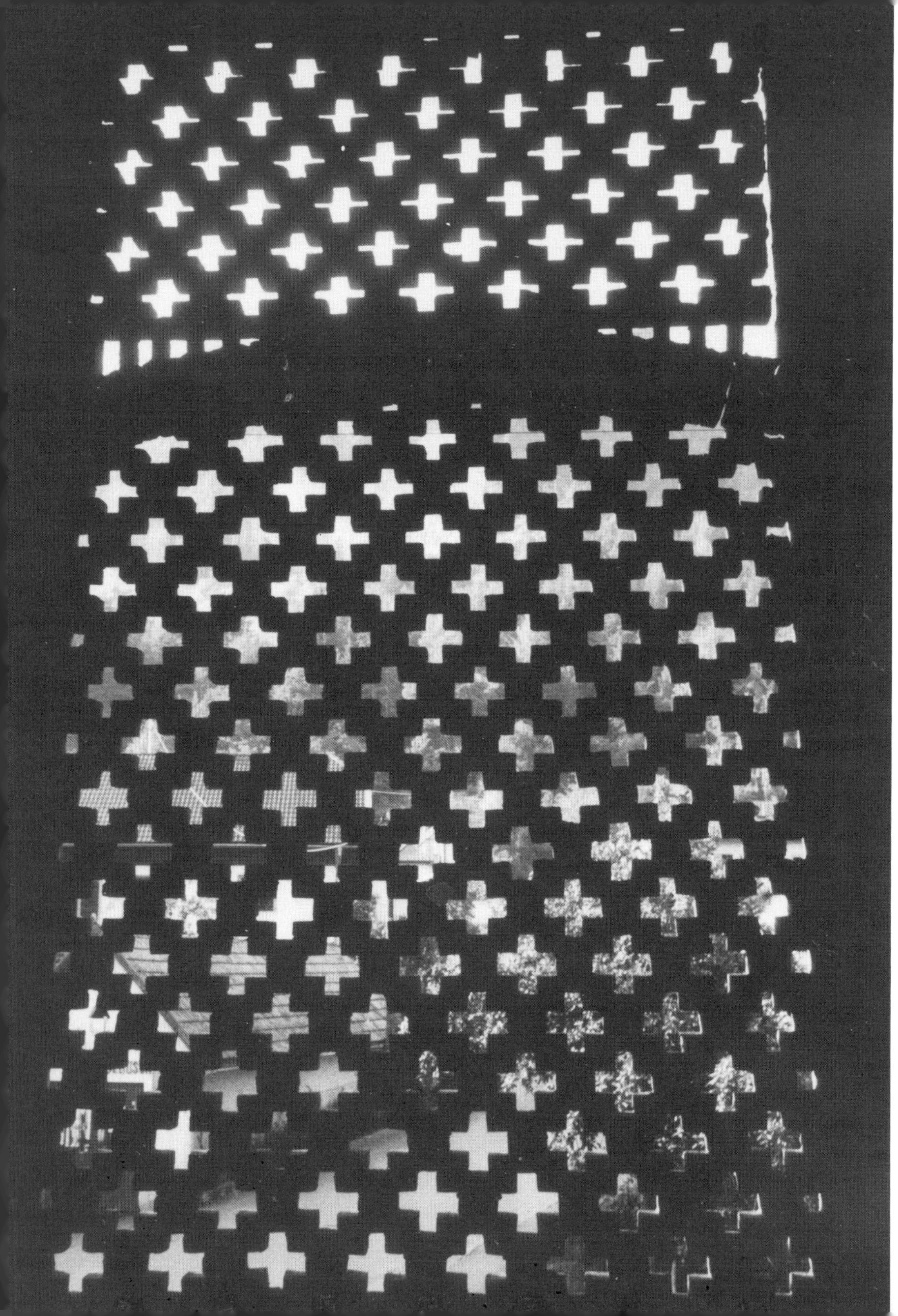

190 – Launsdorf bei Hochosterwitz (A)

Man kann hier gut erkennen, daß dieses Gitter erst nachträglich in die fertige Öffnung des Mauerwerkes gemauert wurde; oben rechts sieht man, daß es keine Verzahnung des Gitters mit dem Mauerwerk gibt.

191 – Arnoldstein (A)
Ein leider schon stark zerstörtes Gitter. Ältere Instandsetzungen wurden unsachgemäß durchgeführt. Eine Sanierung wäre dringend erforderlich.

192 – Arnoldstein (A)
Ein weiteres Gitter desselben Objektes.

193 – Arnoldstein (A)
In der unteren Hälfte dürften das Kreuz und zwei Kerzen dargestellt sein.

194 – Arnoldstein (A)
Noch ein Gitter desselben Objektes.

195 – Arnoldstein (A)

196 – Gösseling (A)
Ein Ziegelgitter, das großteils aus Dachziegeln konstruiert wurde.

197 – Glödnitz (A)
Dieses weitgehend aus Dachziegeln errichtete Gitter diente nur in Teilbereichen der Durchlüftung. Der Rest dient offenbar der Oberflächengestaltung.

198 – Neuhaus bei Arnoldstein (A)
Eher selten findet man Ziegelgitter an Kirchen. Dieses Gitter dürfte vielleicht neben seiner Lüftungsfunktion die aufgehende Sonne symbolisieren.

199 – Arnoldstein (A)
Ein wohl 1886 errichteter Bau; leider läßt sich die letzte Zahl nicht eindeutig interpretieren.

200 – St. Donat (A)
Gut restaurierte Stallscheune.

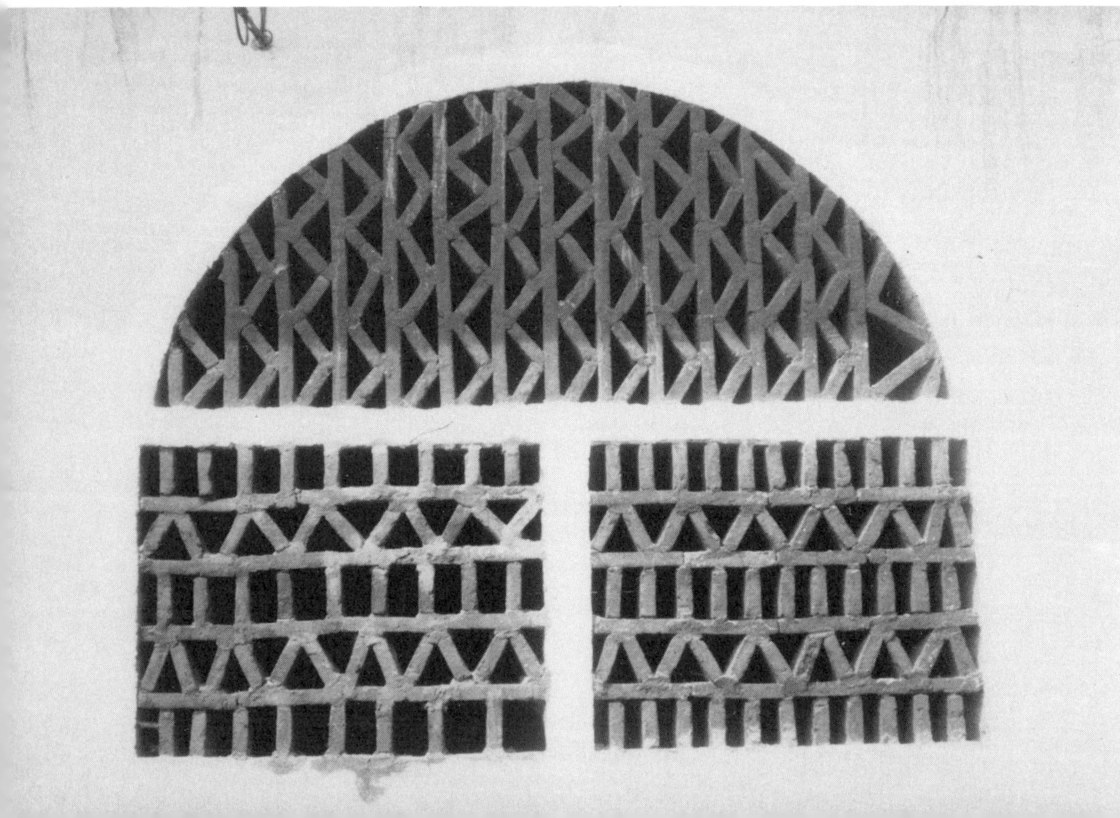

201 – St. Donat (A)
Ziegelgitter am gegenüber gelegenen Objekt.

202 – St. Donat (A)
Sehr sorgfältig restaurierte Stall-
scheune (siehe Abb. 200).

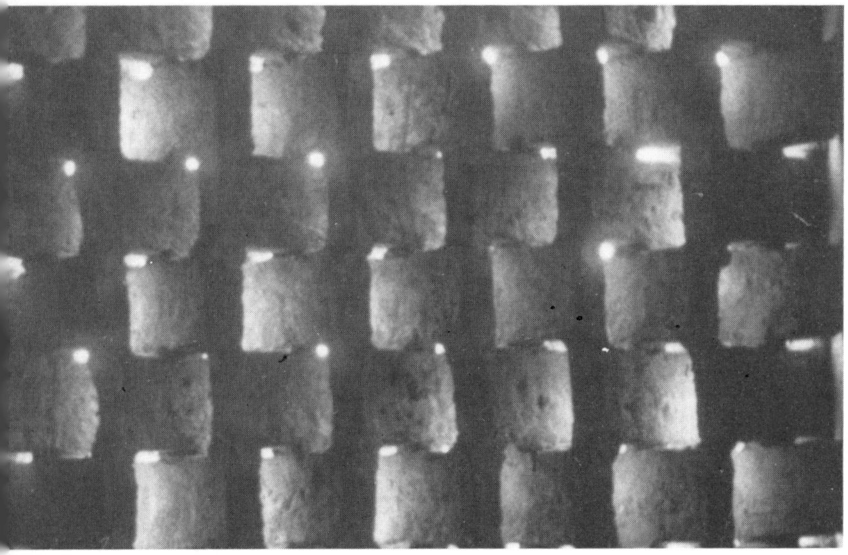

203 – St. Paul (A)
Diese Art von Gittern bietet bei relativ geringem Materialaufwand und guten Lüftungseigenschaften einen zugleich sehr guten Regenschutz und hohe Stabilität.

204 – St. Michael am Zollfeld (A)

205 – St. Michael am Zollfeld (A)
(Siehe Abbildung 206.)

206 – St. Michael am Zollfeld (A)
Die Stallscheune des Pfarrhofes (siehe Abb. 205).

207 – Völkermarkt (A)
Das Motiv der aufgehenden Sonne mehrfach an einem Objekt.

208 – Dürrenmoos (A)
Ein kleiner Heubergeraum, heute teilweise als Garage genutzt.

209 – Völkermarkt (A)
Sehr geschickt ist hier die Abfolge der Anordnung von schmalen und breiten Strahlen vom inneren zum äußeren Halbkreis.

210 – Heiligenstadt (A)
Das Mauerwerk besteht fast ausschließlich aus Bruchsteinen. Nur die Gitter und der obere Teil der Giebelwand sind aus Ziegeln hergestellt. Offenbar waren Natursteine leichter zu beschaffen als Ziegel.

211 – St. Michael am Zollfeld (A)
Eine große Stallscheune, wie sie für das Zollfeld typisch ist. Die Gitter werden aus kreuzförmigen Öffnungen gebildet.

212 – Launsdorf (A)

213 – Wieting (A)
Die Gitter dieses Bauwerkes aus dem Jahre 1877 zeigen verschiedenste Formen und Motive.

214 – Gonowetz (A)
In etliche Gitter Kärntens sind Kopfdarstellungen integriert. Eine Zeile sogar farbig gestalteter Enziane trägt den gesamten oberen Giebel; da die Öffnungen für Schlagregen zu hoch ausgebildet waren, wurden sie von hinten großteils vermauert, so daß sie eher als Relief in Erscheinung treten.

215 – Gonowetz (A)
Die Gesichter im Zentrum von Ziegelrosetten haben fast alle ein eher schlichtes, jugendliches Aussehen.

216 – Klagenfurt (A)
Giebelrosette mit Kopf, umrahmt von einem Ornament sich gegenseitig durchdringender Bögen (siehe Abbildung 178).

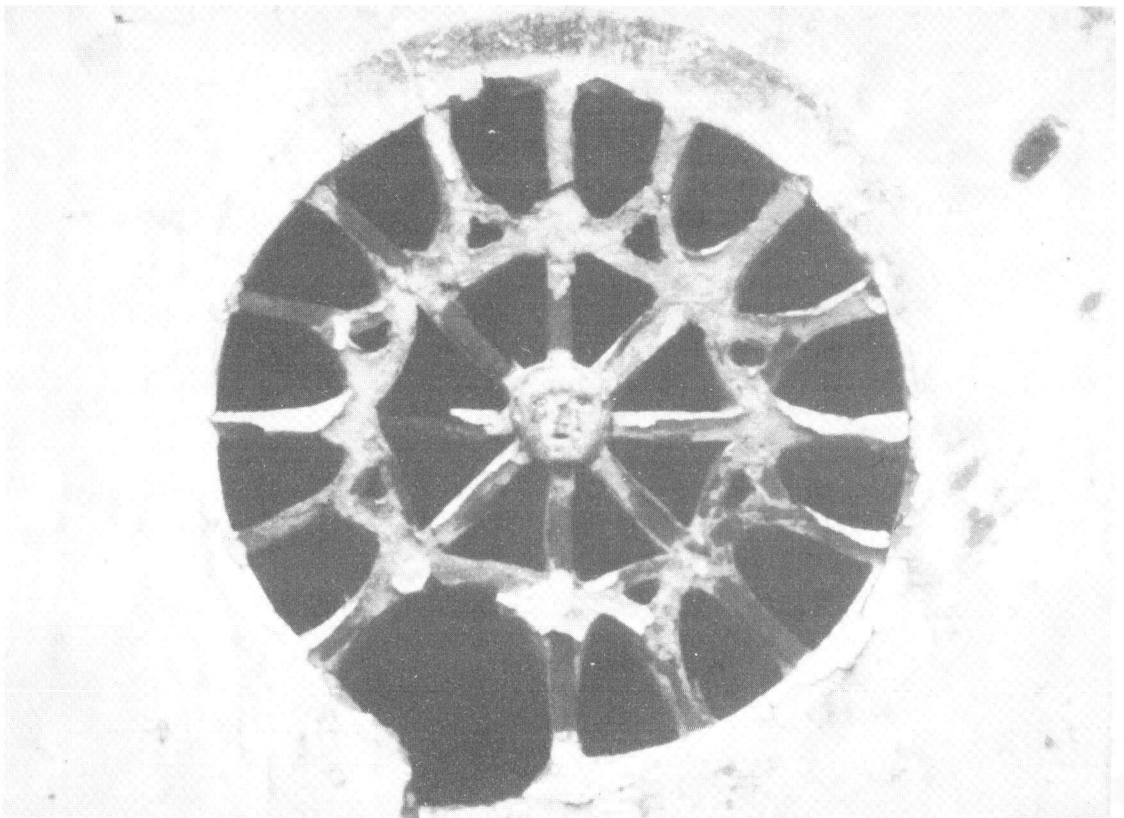

217 – Einersdorf (A)
Oberhalb der Rosette ist die Jahreszahl 1875 auf die Fassade gemalt.

218 – Einersdorf (A)
Durch die Spitzbogenform der Maueröffnungen und durch die farbige Gestaltung der Fassade mit Motiven in der Art eines Maßwerkes werden deutlich Bezüge zur Neogotik erkennbar.

219 – Einersdorf (A)
Kombination einer zentral angeordneten Gitterrosette mit Kopfdarstellung und zweier aufgemalter Windrosen.

220 – Klagenfurt (A)
Bemalter Kopf im Zentrum einer schlichten Ziegelrosette.

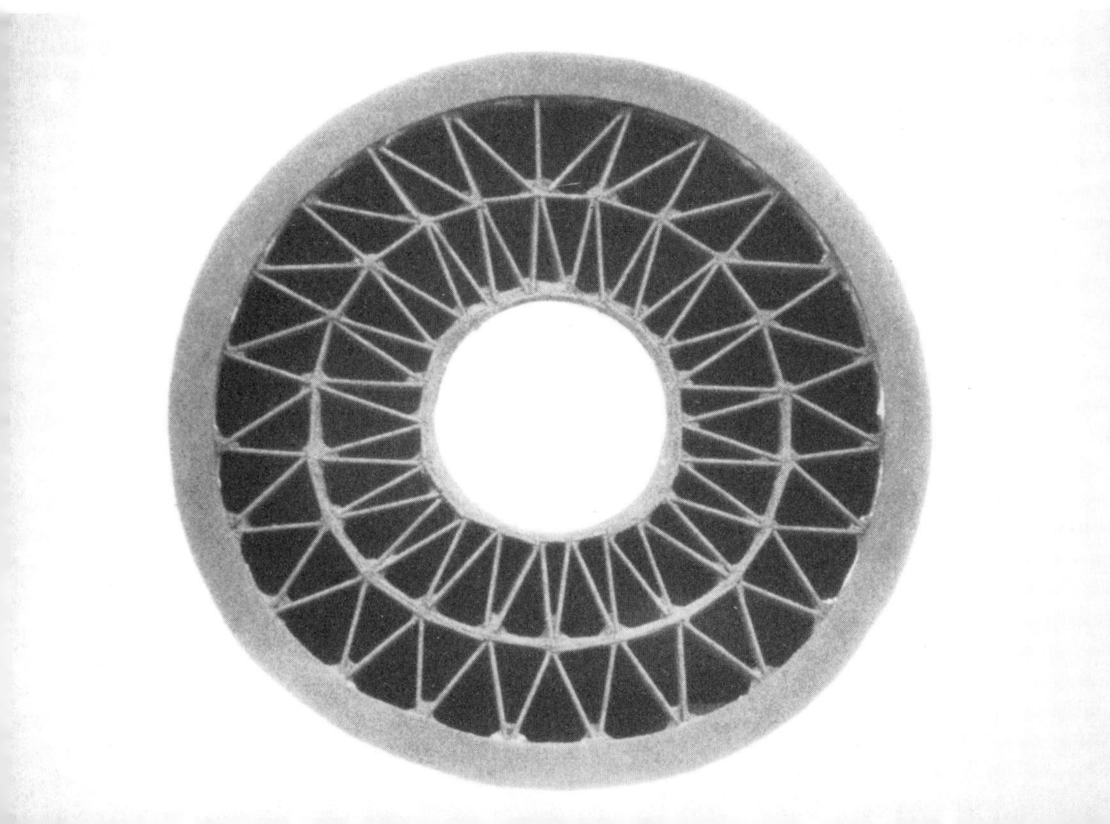

221 – Hundsdorf (A)
Hoch oben am Giebel einer großen Stallscheune eine Rosette in Form einer strahlenden Sonne.

222 – Maria Saal (A)
Die rechte Spitzbogenöffnung ist mit echten Ziegeln ausgefacht, die linke mit rot bemalten Betonfertigelementen.

223 – Maria Saal (A)
Betongittersteine, die rot angemalt wurden. Das Gitter muß relativ neu sein. Es dürfte auf Grund der schlechteren haustechnischen Eigenschaften des Betons nicht so wirkungsvoll wie ein echtes Ziegelgitter sein.

224 – Reipersdorf (A)

225 – Klagenfurt (A)
Auch hier scheint man darauf Wert gelegt zu haben, dem Bau das Image einer sakralen Architektur zu geben. Die langen Schlitze dürften bei Schlagregen nicht sehr günstig sein.

226 – Reipersdorf (A)
Gotisch anmutende, einem Maßwerk ähnliche Gitterdurchdringungen und das Motiv der aufgehenden Sonne. An der Rückseite des Gebäudes ist die Jahreszahl 1893 aufgemalt.

227 – Einersdorf (A)
Putzglieder und Ziegelgitter gestalten diese Giebelfassade. Störend sind die Vesuche, die Fassade im Erdgeschoß zu begradigen und der Einbau des quadratischen Tores.

228 – St. Paul (A)
Ziegelgitter am Wirtschaftsgebäude der Benediktinerabtei von St. Paul im Lavanttal. Derartige Bauten hatten sicher Vorbildcharakter für die anonyme ländliche Architektur.

229 – St. Paul (A)
Ziegelgitter am Wirtschaftshof der Benediktinerabtei von St. Paul im Lavanttal.

230 – St. Paul (A)
Im Hintergrund erkennt man die Abteikirche von St. Paul.

231 – Lölling-Graben (A)
Das Wirtschaftsgebäude wurde in den vergangenen Jahren renoviert und damit auch die Ziegelgitter. Leider wurde dabei die straßenseitige Dachfläche von der alten Ziegel- auf eine Asbestzementdeckung umgedeckt. Der Wechsel zwischen den zwei Deckungsmaterialien wird am Giebel in sehr unbefriedigender Weise sichtbar (siehe Hohmann 1975: Abb. 240 und 241).

232 – Bad St. Leonhard im Lavanttal (A)
Auch diese an Maßwerk erinnernden Gitter sind aus gewöhnlichen Mauerziegeln gefügt. Ähnliche Gitter finden wir außer in Kärnten vor allem in Slowenien (siehe auch Abb. 153 und 157).

233 – Lölling-Graben (A)

234 – Ottmanach (A)
Es kommt vor, daß Heiligendarstellungen in Form von Fresken, Reliefs oder in Nischen stehenden Skulpturen in Fassaden mit Ziegelgittern integriert sind (siehe Hohmann 1975: Abb. 154, 201, 228).

235 – Ottmanach (A)
Sternförmig gestaltete Rosette, weitgehend aus Dachziegeln geformt. Sie ähnelt sehr der Rosette eines Rundfensters der Kathedrale von Barletta in Italien (Franz 1956: Abb. 24).

236 – Schafer bei Ottmanach (A)
Glocke im Giebel einer großen Stallscheune.

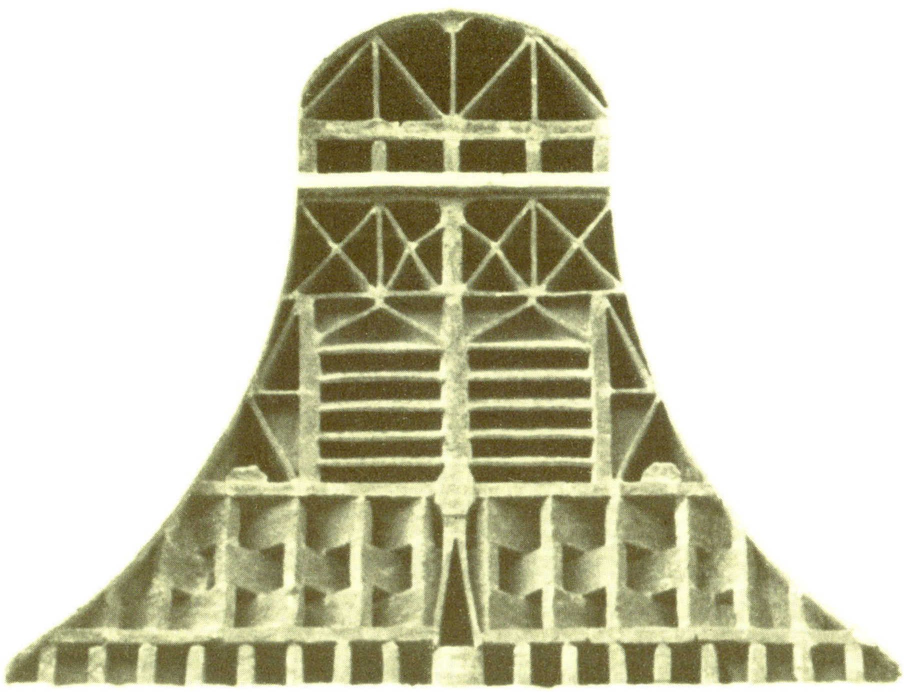

237 – Geiersdorf (A)
Die Aufschrift „H 1933 F“ gibt wahrscheinlich das Jahr der letzten Renovierung und die Initialen des damaligen Eigentümers an.

238 – Poggersdorf (A)
Eine jüngst renovierte Stallscheune; das farbige Hervorheben von Ziegel und Fugen findet man auch jenseits der Grenze in Slowenien.

239 – Wolfsberg (A)
Sonne und Blattmotiv im Westgiebel. Die Sonne besteht aus gesägten Dachziegeln.

240 – Wolfsberg (A)
Sonne und Jahreszahl der Errichtung im Nordgiebel.

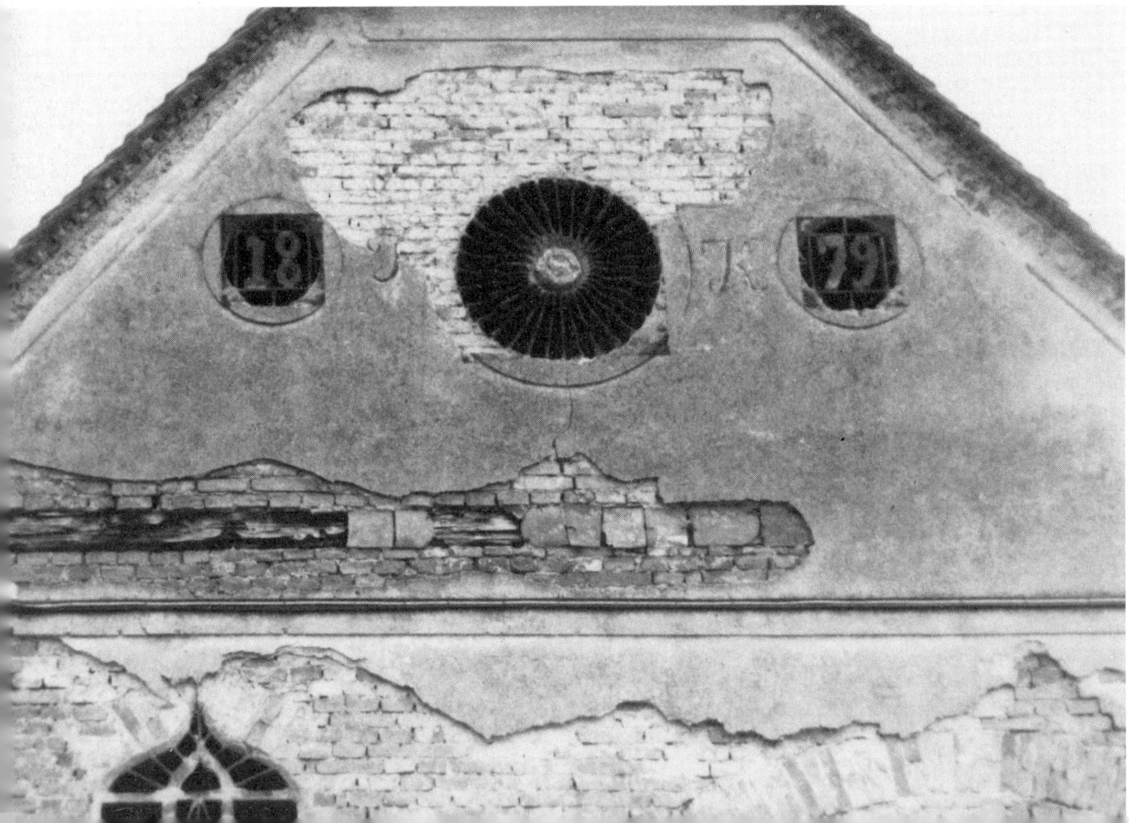

241 – Wolfsberg (A)
Diese kleine Stallscheune steht unter Denkmalschutz. Durch vielfältige Kopfdarstellungen in den Ziegelgittern und andere Besonderheiten nimmt das Bauwerk eine Sonderstellung ein.

242 – Wolfsberg (A)
Das östlichste Gitter in der Südfront.

243 – Wolfsberg (A)
Das zweite Gitter der Südfront (von Osten gezählt).

244 – Wolfsberg (A)
Das dritte Gitter der Südfront (von Osten gezählt).

245 – Wolfsberg (A)
Das vierte Gitter der Südfront (von Osten gezählt).

246 – Wolfsberg (A)
Das fünfte Gitter an der Südfront (von Osten gezählt).

247 – Wolfsberg (A)
Das westlichste Gitter der Südfront.

248 – Wolfsberg (A)
Dieses Ziegelgitter an der westlichen, straßenseitigen Giebelwand entspricht nicht dem Konzept der anderen Gitter. Der untere Teil ist verdeckt durch eine gewaltige Werbetafel, welche das ganze Objekt verunstaltet.

249 – Wolfsberg (A)
Das Gitter liegt in einer dunklen, rechteckigen Fläche. Diese rührt von einem in letzten Resten vorhandenen verrosteten Fliegengitter her. Eine Renovierung des Objektes wäre dringend erforderlich – und sicherlich lohnend.

250 – Heft (A)
Die Hochofenanlage „in der Heft“ wurde 1857 errichtet und bis 1908 betrieben. Am Giebel des Fabriksgebäudes ist eine Rosette zu Lüftungszwecken eingebaut, die deutlich an kirchliche Vorbilder anschließt. (Abb. 47, 171 und 181.)

251 – Hüttenberg (A)
Der Baukörper besteht unten aus Naturstein; nur die Gitter und das Mauerwerk im Giebelfeld sind in Ziegeln ausgeführt.

252 – Lölling-Graben (A)
Ziegelgitter an einem Radwerk. Das halbkreisförmige Gitter ähnelt sehr jenen am Wirtschaftsgebäude der Benediktinerabtei von St. Paul im Lavanttal. (Abbildung 230.)

STEIERMARK

253 – Vasoldsberg (A)
Achteckige Feldscheune mit ornamentalen Ziegelgittern. Die achteckige Form kam dadurch zustande, daß man für das Gebäude den Dachstuhl eines älteren, nicht mehr benötigten, überdachten Pumpwerkes wiederverwenden wollte.

254 – Vasoldsberg (A)
Das Bauwerk war 1974 noch stark einsturzgefährdet, wurde dann aber unter Denkmalschutz gestellt und renoviert. Heute dient es als Vielzweckraum für verschiedenartigste Veranstaltungen, wie Ausstellungen, Tanzfeste etc..

255 – Gössendorf (A)
Ausschließlich tragende Gitter mit dem Kreuzmotiv.

256 – Gnas (A)
Ein oststeirisches Ziegelgitter, in das vier schlichte Säulen integriert sind. Der Wechsel zwischen durchbrochenem Mauerwerk und überbreiten Stützgliedern ist in sehr differenzierter Weise vollzogen. Gekrönt wird der Giebel durch eine reliefartig ausgebildete Rosette.

257 – Gössendorf (A)
Durch eine, den Altbestand nicht berücksichtigende Neuplanung wurde der Abbruch des alten Wirtschaftsgebäudes notwendig. Noch lange ließ der Bauer die reich geschmückte Giebelwand des älteren Gebäudes stehen. Inzwischen wurde sie bereits abgetragen.

258 – Thoňdorf (A)
Die für Slowenien so typischen drei offenen Rosetten sind hier zu drei Putzreliefs reduziert. Die drei Gitterflächen werden von je einer aufgehenden Sonne gekrönt.

259 – Liebensdorf (A)
Mehrschichtige Gitter. Bei den zwei Kappenöffnungen wurden jeweils unterschiedliche Gitter hintereinandergestellt.

260 – Breitenhilm (A)
Ein gewaltiges Ulrichskreuz, vielleicht als Abwehr gegen Mäuse und andere Feldschädlinge (vergleiche Hohmann 1975: Abbildung 164).

261 – Furth bei Stainz (A)
Kombination von Lüftungsgittern und kleinem Taubenschlag unter dem First.

262 – Gössendorf (A)
Ziegelgitter, an islamische Vorbilder erinnernd.

263 – Empersdorf (A)
Die Negativform ergibt einen Doppelpfeil – nach oben und nach unten gerichtet.

264 – St. Margarethen
bei Knittelfeld (A)

265 – Großlobming (A)
In diesem Fall kennt man die drei friaulischen Maurer, die das Gebäude errichtet haben, namentlich; ihre Namen sind an einem Gitter eingraviert.

266 – Gössendorf (A)
Giebel mit neogotischen Stilmerkmalen, errichtet 1890. Er wurde erst vor wenigen Jahren restauriert und neu gefärbt. Die immer aggressiver werdenden Umwelteinflüsse haben die Fassade schon wieder stark in Mitleidenschaft gezogen.

267 – Mellach bei Graz (A)
Gitter im Giebel einer neu errichteten Volksschule.

268 – Liebensdorf (A)
Um 1980 renoviertes und in Rot, Gelb und Weiß gestaltetes Ziegelgitter in Form einer Monstranz. Der ganze Giebel ist von einem tragenden Gitterband umgeben.

269 – Liebensdorf (A)

270 – Liebensdorf (A)
Ein in der Nachbarschaft stehendes Objekt, dessen Gitterfassade der Straße abgewandt liegt. Ein gutes Beispiel dafür, daß es weniger um Repräsentation als um den Gestaltungswillen und den eigenen Lebensraum ging.

271 – Liebensdorf (A)

272 – Liebensdorf (A)
Bei diesem Gitter sind nur wenige originale Putzteile erhalten geblieben. Im Zentrum der Monstranz erkennt man deutlich die Buchstaben „IHS“ mit dem Kreuz und darunter das Herz Jesu.

273 – Fladnitz a. d. Raab (A)
Reizvolles Ziegelgitter an einem relativ kleinen Wirtschaftsgebäude.

274 – Nestelbach (A)
In der Mitte zwei Gitter, die aus jeweils zwei verschiedenen, hintereinander angeordneten Gitterebenen bestehen.

275 – Großsulz b. Kalsdorf (A)
Ein stark einsturzgefährdetes, sehr schön gestaltetes Ziegelgitter mit Kreuz, „IHS" (In hoc signo) und „Heiliger Geist", symbolisiert durch die gewölbte Linie unter den Buchstaben.

276 – Gössendorf (A)
Rosette am Giebel eines Wirtschaftsgebäudes aus dem Jahr 1890 (siehe Abb. 266).

(folgende Seite)